ÉLÉMENTS

D'ARITHMÉTIQUE

A L'USAGE

DES ÉCOLES, DES BANQUES ET DU COMMERCE

PAR

VICTOR JUBIEN

Professeur à l'île Maurice.

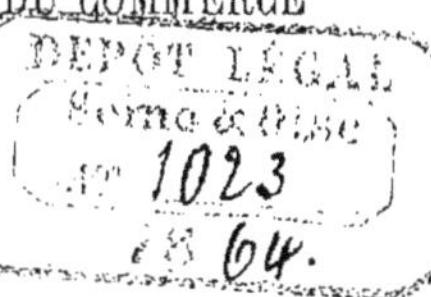

SAINT-CLOUD

IMPRIMERIE DE Mme Ve BELIN

RUE DU CALVAIRE, 5

1864

AVANT-PROPOS

Bien que pour les principes généraux, j'aie consulté les Éléments d'Arithmétique que la France et l'Angleterre ont produits, tout, dans mon ouvrage, est présenté d'une manière nouvelle. Ici la règle de trois n'est point divisée en règle de trois directe et en règle de trois inverse : une seule formule embrasse ces deux cas; et, ce qui m'appartient, c'est une autre formule également simple qui, sans le secours des proportions, donne d'abord le prix d'une seule unité, et par une autre opération, donne celui des choses dont le prix n'est pas connu. La règle formulée dans deux à trois lignes, par laquelle on trouve l'intérêt d'un capital, quels que soient le taux et le nombre des jours, m'appartient également.

Les tables offrant une exactitude rigoureuse, pourront servir, dans les écoles, à corriger les résultats obtenus par les opérations ordinaires de l'arithmétique, et comme elles abrégent le temps et la peine, elles seront également utiles aux banques et au commerce.

V. Jubien.

ÉLÉMENTS

D'ARITHMÉTIQUE

L'*Arithmétique* est la science des nombres et du calcul.

Le *nombre* est ce qui exprime de combien d'unités ou de parties d'unité une quantité est composée : quatre (4), par exemple, est un nombre composé de quatre fois un, ou de quatre unités ; deux tiers ($\frac{2}{3}$) est un nombre qui contient deux fois le tiers de l'unité.

L'*unité* est une quantité à laquelle on compare d'autres quantités de la même espèce. Quand on dit : il y a dix piastres dans cette bourse, la piastre est l'unité.

Il y a trois sortes de nombres : le nombre simple ou entier, le nombre composé ou fractionnaire, et le nombre fraction. Le *nombre simple* ne contient qu'une seule espèce d'unité : dix piastres est un nombre simple. Le *nombre composé* contient des unités entières et des parties d'unité : dix piastres, vingt centièmes est un nombre composé. Le *nombre fraction* est plus petit que l'unité : deux tiers d'aune est un nombre fraction.

On appelle *nombre abstrait*, celui qui n'est appliqué à aucune chose déterminée : *cinq, six, sept,* sont des nombres abstraits. On appelle *nombre concret*, celui qui est appliqué à des unités déterminées : *dix piastres, cinq aunes* de ruban, *deux livres* de sucre, sont des nombres concrets.

Calculer c'est composer les nombres et les décomposer par diverses opérations.

Pour représenter les nombres on emploie les dix caractères ou chiffres suivants, qui nous viennent des Arabes :

0   1   2   3   4   5   6   7   8   9

zéro, un, deux, trois, quatre, cinq, six, sept, huit, neuf.

De la Numération.

La *numération* est l'art de représenter les nombres par des caractères dont la quantité est déterminée, et d'énoncer la valeur de ces nombres.

Les caractères dont on se sert pour représenter les nombres ont deux valeurs, l'une absolue, si on les considère seuls ; l'autre relative, si l'on considère le rang qu'ils occupent. Pour exprimer en chiffres le nombre soixante, on écrit 60. La valeur absolue du premier chiffre est 6, et sa valeur relative est six dizaines.

La propriété fondamentale de la numération est qu'un chiffre placé à la gauche d'un autre, ou suivi d'un zéro, vaut dix fois plus que s'il était seul. Ainsi, observant que le caractère 0 tient lieu des unités, des dizaines, des centaines, etc., qui peuvent manquer dans un nombre, pour exprimer le nombre *dix*, on écrit 10 ; pour exprimer le nombre *vingt,* on écrit 20 ; pour exprimer le nombre *cent,* on écrit 100 ; pour exprimer le nombre *cent un,* on écrit 101, etc.

Pour énoncer aisément un nombre composé de plusieurs chiffres, on le partage en tranches de trois chiffres chacune, en commençant par la droite, de manière que la dernière tranche à gauche peut n'avoir qu'un ou deux chiffres. Et, pour dire le nombre, on commence par la gauche, et on énonce chaque tranche comme si elle était seule. Dans l'exemple suivant on lit : vingt-quatre trillions, huit cent quatre-vingt-dix-sept billions, trois cent vingt et un millions, cinq cent quatre-vingt mille, trois cent quarante-six unités.

$$2\ 4, \quad 8\ 9\ 7, \quad 3\ 2\ 1, \quad 5\ 8\ 0, \quad 3\ 4\ 6.$$

dizaines de trillions.	billions.	millions.	mille.	unités.
trillions.	dizaines de billions.	dizaines de millions.	dizaines de mille.	dizaines.
	centaines de billions.	centaines de millions.	centaines de mille.	centaines.

Des opérations de l'Arithmétique.

Les opérations fondamentales de l'Arithmétique sont : l'ADDITION, la SOUSTRACTION, la MULTIPLICATION et la DIVISION.

DES NOMBRES SIMPLES.

De l'Addition.

L'*Addition* est une opération par laquelle on fait un seul tout de plusieurs quantités de même espèce. On appelle *somme* ou *total* le résultat de cette opération.

Pour faire l'addition, on écrit les nombres les uns sous les autres, en observant de mettre les unités sous les unités, les dizaines sous les dizaines, les centaines sous les centaines, etc., et, après avoir tiré une raie pour séparer ces nombres du résultat, on ajoute successivement, en commençant par la droite, les nombres contenus dans chaque colonne verticale : si la somme ne surpasse pas neuf, on l'écrit telle qu'on l'a trouvée; si elle renferme des dizaines, on retient ces dizaines pour les joindre à la colonne suivante; enfin, à la dernière colonne, on écrit la somme telle qu'on l'a trouvée.

EXERCICES.

```
Un commerçant a en portefeuille un effet de    9603 piastres,
                             un        de        720
                             un        de         90
                          et un        de          9
                                                ─────
                          Total.   .   .       10422 piastres.

Un commerçant a payé à une personne     608   ps. courantes
                      à une autre        607
                 et à une autre          428
                                        ─────
                      Total.   .   .    1643   ps. courantes.
```

De la Soustraction.

La *Soustraction* est une opération par laquelle on retranche un nombre d'un autre nombre de même espèce.

On appelle *reste, excès* ou *différence*, le résultat de cette opération.

Pour faire la soustraction on écrit le plus petit des deux nombres sous le plus grand, dans le même ordre que pour faire l'addition ; on tire une raie pour séparer ces nombres du résultat, et on retranche successivement dans chaque colonne, en commençant par la droite, le chiffre du nombre inférieur du chiffre du nombre supérieur correspondant.

Si le chiffre du nombre inférieur est égal à son correspondant, on pose zéro ; s'il est plus fort que son correspondant, on ajoute dix unités au chiffre du nombre supérieur, valeur que l'on emprunte sur le chiffre significatif à gauche de celui-ci ; on compte le chiffre sur lequel on a emprunté pour une unité de moins ; et, s'il est séparé par des zéros du chiffre dont on ne pouvait retrancher, on regarde ces zéros comme des neuf.

EXERCICES.

```
Un commerçant devait une somme de   4877   ps. ctes.
Il a donné                          3547
                                    ─────
          Reste à payer.   .   .    1330   ps. ctes.

Une pièce de ruban contenait  204   aunes.
On a ôté de cette pièce        98   aunes.
                              ────
          Reste.   .   .      106   aunes.
```

Preuve de l'Addition.

On appelle *preuve* d'une opération une autre opération que l'on fait pour s'assurer de l'exactitude du résultat de la première.

Pour faire la preuve de l'addition, on ajoute de nouveau les nombres contenus dans chaque colonne, mais en commençant par la gauche ; on soustrait la première somme que l'on trouve de la partie du premier résultat qui lui correspond, et l'on écrit le reste au-dessous. On ajoute pareillement les chiffres de la colonne suivante, et on soustrait la somme que l'on trouve de celle que donne le reste précédent joint au chiffre qui correspond à cette colonne dans le résultat : on écrit le reste comme on l'a fait pour la première colonne, et l'on continue de même jusqu'à ce qu'on soit arrivé à la dernière colonne. On retranche la somme de la partie qui lui correspond dans le résultat ; si ce résultat est bon, on obtient zéro pour le dernier reste.

$$
\begin{array}{rr}
& 6903 \\
& 7854 \\
& 953 \\
\hline
\text{Total.} & 15710 \\
\text{Preuve} & 27 \\
& 11 \\
& 10 \\
& 0
\end{array}
$$

L'élève ne fait ordinairement la preuve de cette manière que lorsqu'il sait faire la division. Il peut, en attendant, vérifier l'addition en la recommençant, mais en formant la somme des colonnes de bas en haut, s'il l'a d'abord formée en allant de haut en bas.

Preuve de la Soustraction.

Pour faire la preuve de la soustraction, on ajoute la plus petite des quantités avec le reste trouvé ; si ce reste est bon, la somme est égale à la plus grande des quantités.

$$
\begin{array}{rr}
\text{De} & 90047 \\
\text{si l'on ôte} & 8097 \\
\hline
\text{il reste} & 81950 \\
\text{preuve} & 90047
\end{array}
$$

De la Multiplication.

La *Multiplication* est une opération par laquelle on répète un nombre, qu'on appelle *multiplicande*, autant de fois que l'unité est contenue dans un autre nombre, qu'on appelle *multiplicateur*. On appelle *produit* le résultat de cette opération.

Multiplier 4 par 3, c'est répéter 4 trois fois, pour avoir 12 au produit. Ainsi, la multiplication est une addition abrégée, car on pourrait écrire :

$$\begin{array}{r} 4 \\ 4 \\ 4 \\ \hline 12 \end{array}$$

Le multiplicande et le multiplicateur se nomment *facteurs du produit*. Le multiplicande est de même nature que le produit ; mais, pour faire l'opération, on peut indifféremment écrire le multiplicateur sous le multiplicande, ou le multiplicande sous le multiplicateur.

Lorsque le multiplicateur est l'unité, le produit est égal au multiplicande. S'il est plus petit que l'unité, le produit est plus petit que le multiplicande.

Les principaux usages de la multiplication sont : de faire connaître le prix de plusieurs unités lorsqu'on connaît le prix d'une seule unité ; de réduire des entiers d'espèces principales en leurs parties, comme des piastres en centièmes ; des années en mois, etc. ; de faire connaître les surfaces ou superficies, et la solidité des corps.

Pour faire la multiplication, il faut savoir par cœur la table suivante, que l'on attribue à Pythagore :

TABLE DE MULTIPLICATION.

2	fois	2	font	4		5	fois	5	font	25
2		3		6		5		6		30
2		4		8		5		7		35
2		5		10		5		8		40
2		6		12		5		9		45
2		7		14		5		10		50
2		8		16						
2		9		18		6	fois	6	font	36
2		10		20		6		7		42
						6		8		48
						6		9		54
3	fois	3	font	9		6		10		60
3		4		12						
3		5		15		7	fois	7	font	49
3		6		18		7		8		56
3		7		21		7		9		63
3		8		24		7		10		70
3		9		27						
3		10		30		8	fois	8	font	64
						8		9		72
						8		10		80
4	fois	4	font	16						
4		5		20		9	fois	9	font	81
4		6		24		9		10		90
4		7		28						
4		8		32		10 fois 10 font 100				
4		9		36						
4		10		40		10 f. 100 f. 1000				

```
On veut multiplier   532   par 4.
    Multiplicande     532
    Multiplicateur      4
        Produit      2128
```

Pour faire la multiplication, on forme successivement les produits particls en multipliant les chiffres du facteur que l'on a écrit au-dessus, par chaque chiffre du facteur que l'on a écrit au-dessous, en commençant par les unités et en observant de placer le premier chiffre de chaque produit partiel sous les unités de même ordre que le chiffre du multiplicateur qui donne ce produit; et on ajoute tous les produits partiels pour former le produit total.

On demande combien il y a de jours dans 848 années, en supposant chaque année de 365 jours?

$$
\begin{array}{lr}
\text{Multiplicande} & 848 \\
\text{Multiplicateur} & 365 \\
\hline
& 4240 \\
& 5088 \\
& 2544 \\
\hline
\text{Produit total} & 309520
\end{array}
$$

Si le multiplicande et le multiplicateur sont terminés par des zéros, on ne s'occupe d'abord que des chiffres placés à la gauche de ces zéros, et on met à la droite du produit total autant de zéros qu'il y en a à la droite des deux facteurs.

Combien coûteront 2060 balles de café, à 20 piastres courantes la balle?

$$
\begin{array}{r}
2060 \\
20 \\
\hline
41200 \quad \text{p. ctes.}
\end{array}
$$

S'il y a des zéros entre les chiffres significatifs du facteur qui est au-dessous, on les passe, mais on avance d'autant de chiffres de plus vers la gauche les unités du produit du chiffre significatif qui est à la suite de ces zéros.

Combien coûteront 4006 choses, à 6454 p. ctes. la chose?

$$
\begin{array}{r}
6454 \\
4006 \\
\hline
38724 \\
25816\ldots \\
\hline
25854724 \quad \text{p. ctes.}
\end{array}
$$

Observez que multiplier un nombre par dix, c'est y ajouter un zéro; que multiplier un nombre par cent, c'est y ajouter deux zéros; que multiplier un nombre par mille, c'est y ajouter trois zéros.

De la Division.

La *Division* est une opération par laquelle on cherche combien de fois un nombre, appelé *dividende,* contient un autre nombre, appelé *diviseur.* On appelle *quotient,* le résultat de cette opération.

Diviser 12 par 3, par exemple, c'est chercher combien de fois 12 contient 3. La division est une soustraction abrégée; car diviser 12 par 3 , c'est ôter 3 du nombre 12 autant de fois qu'il y est contenu. Exemple :

12	9	6	3
3	3	3	3
9	6	3	0

Le dividende est ordinairement de même nature que le quotient (1). Si le diviseur est plus petit que l'unité, le quotient sera plus grand que le dividende. Si le diviseur est l'unité, le quotient sera égal au dividende.

La division sert à trouver la valeur d'une seule unité lorsqu'on connaît la valeur de plusieurs unités; elle sert à partager un nombre en autant de parties égales que l'on veut; à rappeler les parties d'un tout à ce tout ou unité principale, comme des centièmes en piastre, des mois en année, etc.

Pour diviser un nombre par un autre, on prend sur la gauche du dividende autant de chiffres qu'il en faut pour contenir le diviseur; on cherche combien de fois le diviseur est contenu dans ce dividende partiel; on écrit au quotient le chiffre qui exprime ce nombre de fois; on multiplie le diviseur par ce chiffre; on retranche le produit du dividende partiel; on écrit le reste au-dessous, et, à côté de ce reste, on abaisse le chiffre suivant du dividende, ce qui forme un nouveau dividende partiel sur lequel on opère comme sur le premier; et l'on continue ainsi jusqu'à ce qu'on ait abaissé tous les chiffres du dividende.

Si l'un des dividendes partiels était moins fort que le diviseur, on mettrait un zéro au quotient, et l'on abaisserait un nouveau chiffre du dividende. On ne peut mettre plus de neuf au quotient;

(1) Voyez la division des nombres complexes.

ainsi, lorsqu'un dividende partiel contient le diviseur dix fois ou plus de dix fois, l'opération a été mal faite.

Si le dividende et le diviseur sont terminés par des zéros, on abrége l'opération en supprimant à la droite de ces nombres autant de zéros qu'il y en a à la suite de celui qui en contient le moins.

EXERCICES.

8 barriques de vin ont coûté 200 p. ctes. : à combien revient la barrique?

$$\begin{array}{r|l} \text{Dividende} \quad 200 & 8 \text{ Diviseur} \\ 40 & \overline{25 \text{ Quotient.}} \\ 0 & \end{array}$$

6240 balles de café ont coûté 124800 p. ctes. : combien a coûté une balle?

$$\begin{array}{r|l} 124800 & 6240 \\ 0000 & \overline{20} \text{ ps. ctes.} \end{array}$$

___

Preuve de la Multiplication.

Il y a plusieurs méthodes différentes pour s'assurer de l'exactitude du résultat de la multiplication; la plus *facile* (1) est celle qui prescrit de diviser le produit par l'un de ses facteurs; si le résultat est bon, on a au quotient l'autre facteur.

$$\begin{array}{r} 30406 \\ 402 \\ \hline 60812 \\ 121624\,.. \\ \end{array}$$

$$\begin{array}{r|l} \text{Produit} \quad 12223212 & 30406 \\ 0060812 & \overline{402} \\ \text{Preuve} \qquad 00000 & \end{array}$$

___

Preuve de la Division.

Pour savoir si le résultat de la division est exact, on multi-

(1) Pour celui qui sait faire la division.

plie le quotient par le diviseur, en ayant soin, si la division a
donné un reste, de joindre ce reste au produit; le produit ainsi
formé doit être égal au dividende.

$$
\begin{array}{r|l}
562 & 37 \\
\hline
192 & 15 \text{ quotient} \\
7 & 37 \\
\hline
& 105 \\
& 45 \\
& 7 \\
\hline
\text{Preuve} & 562
\end{array}
$$

DES NOMBRES COMPOSÉS ET DES FRACTIONS.

Avant de parler des nombres composés et des fractions, nous
ferons connaître les signes dont on se sert en mathématiques
pour indiquer les opérations faites ou à faire sur les nombres.

Le signe $+$ marque l'addition, et se prononce *plus*.

Le signe $-$ marque la soustraction, et se prononce *moins*.

Le signe $\times$ marque la multiplication, et se prononce *multi-plié par*.

Le signe $=$ signifie *égal*.

A Maurice, la piastre courante est l'unité à laquelle on rapporte
toutes les autres valeurs. Pour faciliter le calcul, on l'a divisée
en dixièmes et centièmes; mais les quarts (farthings, ou $\frac{1}{4}$ de
penny), et les *pence* (1) en circulation, ne répondent point à ces
valeurs : le farthing, que nous appelons *sou*, vaut $\frac{1}{2} + \frac{1}{48}$ ou $\frac{25}{48}$
de centième; le $\frac{1}{2}$ penny, que nous appelons *cash*, vaut un cen-

---

(1) Pluriel de penny.

tième et $\frac{1}{24}$; et le denier ou penny vaut deux centièmes et $\frac{1}{12}$

Ainsi, 12 deniers valent 25 c. Cependant, dans le commerce, $\frac{1}{2}$ penny n'est compté que pour $\frac{1}{100}$ de piastre.

Quatre shillings valent une piastre courante, et la livre sterling vaut cinq piastres courantes. — Voyez, ci-après, la réduction des monnaies en piastres courantes.

Anciennes divisions de certaines unités.

La *toise*, qui sert à mesurer la distance d'un point à un autre, se divise en 6 parties égales, que l'on nomme pieds ; le pied en 12 pouces ; le pouce en 12 lignes ; et la ligne en 12 points.

L'*aune*, qui sert à mesurer les *tissus*, etc., est de 3 pieds, 7 pouces, 10 lignes $\frac{5}{6}$. Elle se divise en $\frac{1}{2}, \frac{1}{3}, \frac{1}{4}, \frac{1}{8}$, etc.

Les *lieues* sont, pour les calculs astronomiques, de 25 au degré, ou 2283 toises. Les lieues marines sont de 20 au degré, ou 2854. Les lieues de poste étaient de 2000 toises.

La *toise carrée*, que l'on emploie pour mesurer les surfaces, est de 6 pieds de long sur 6 de large, ou 36 pieds ; le pied est de 144 pouces de long sur 12 de large.

On peut aussi considérer la toise carrée comme divisée en 6 parties, dont chacune aura une toise de haut et un pied de base, etc.

L'*arpent* est une mesure composée de 100 perches carrées. La perche du *grand arpent* était de 22 pieds carrés, et celle du *petit arpent* de 18 pieds carrés ou 3 toises carrées.

La *toise cube* ou cubique est de 6 pieds de long sur 6 de large et 6 de haut, ou 216 pieds cubes. Le pied cube est de 1728 pouces cubes ; le pouce cube de 1728, etc.

La *corde* de bois est de 8 pieds de long sur 4 de haut. On appelle *demi-corde* ou voie de bois, un assemblage de bois qui a 4 pieds de haut sur 4 de large.

La *livre* poids est de 16 onces ; elle se divise en demi-livre, quart, huitième, once, et demi-once. Elle se divise aussi en 2 marcs, le marc en 8 onces, l'once en 8 gros, le gros en 3 deniers, et le denier en 24 grains, dont chacun pèse un grain de blé (froment).

Le *quintal* est de 100 livres.

Le *tonneau de mer* est de 2000 livres.

L'*année*, dans nos calculs, est de 365 jours, ou seulement de 360, le jour de 24 heures, l'heure de 60 minutes, et la minute de 60 secondes. Pour le travail, le jour est de 8 à 10 heures.

Le *degré* est la 360me partie de la circonférence du cercle; il se divise en 60 minutes, la minute en 60 secondes, et la seconde en 60 tierces.

Le *tonneau* est de 4 barriques; la barrique, fût de Bordeaux, 30 veltes; la velte, 8 bouteilles.

Du nouveau système décimal.

Dans ce nouveau système, que la France a adopté, toutes les unités sont divisées en parties de dix en dix fois plus petites. Aux parties décimales d'une unité, correspondent les parties décimales de chacune des autres unités.

Le franc est l'unité principale d'où dérivent les autres monnaies : il se divise en dix décimes, et le décime en dix centimes, ou $\frac{1}{100}$ du franc.

L'unité à laquelle on rapporte les mesures de longueur s'appelle *mètre*.

Le mètre se divise en décimètres, en centimètres, et en millimètres. 10 mètres forment un *décamètre*; cent mètres, un *hectomètre*; mille mètres, un *kilomètre*; dix mille mètres, un *myriamètre*.

Une toise fait 1,9490 mètre. Ainsi le mètre est d'environ 3 pd. 11 l. $\frac{1}{3}$.

L'*are* est un carré de 10 mètres de long sur 10 de large, ce qui donne 100 mètres carrés. Il se divise en *déci-ares* et en *centi-*

ares. Cent ares forment un *hectare;* dix mille ares forment un *myriare*. L'hectare est d'environ 2 journaux, 5 cordes. L'are est d'environ 26 toises carrées $\frac{1}{2}$.

Le *stère* a un mètre de long, un de large, et un de haut. Il se divise en *déci-stères*, *centi-stères*, etc. Il est d'environ 39 pou. cubes $\frac{1}{6}$.

Le *litre* est un cube qui a un décimètre de long, un de large et un de haut. Il se divise en *décilitres* et en *centilitres*. Une pinte fait 0,95121 litre. Ainsi le litre est d'environ une bouteille.

Le quart du méridien terrestre est divisé en cent *grades;* le grade en cent minutes, la minute en cent secondes, et la seconde en cent tierces.

Le *gramme* est le poids de l'eau distillée qui remplit un cube d'un centimètre de long, un de large et un de haut. Il pèse environ 19 grains. Le décagramme = 10 grammes. L'hecto-gramme = 100 grammes.

Une aune fait 1,1884 mètre.

____

Calcul des unités coloniales.

Un commerçant a payé à une personne	119 p.	35 c.
à une autre	110	30.
à une autre	84	50.
à une autre	25	02.
Total	339	17 c.

Observez que lorsque les nombres décimaux ne surpassent pas neuf, on met un zéro à la place des dixièmes ; et, en écrivant le résultat, qu'on met toujours une virgule dans la colonne où se trouve la virgule des nombres que l'on a ajoutés.

Combien redoit encore un commerçant qui devait une somme

de.	789 p.	87 c.
et qui a payé.	78	90
Réponse	710 p.	97 c.

Combien coûteront   1600   balles de riz
à   3,09   c. la balle?
____
144
48..
____
4944,00 c.

On a donné 1829 p. pour 213 aunes d'étoffe : à combien revient l'aune?

$$\begin{array}{r|l} 1829 & 213 \\ 1250 & 8,58\,c.\ \frac{1}{2} \\ 1850 & \\ 146 & \end{array}$$

Lorsque, comme dans le dernier exemple, le dividende est un nombre entier exprimé en piastres et que l'opération donne un reste, observez que l'on convertit successivement ce reste en dixièmes et en centièmes; et que si, après ces opérations, il y a encore un reste, on écrit $\frac{1}{2}$ c. ou 1 sou au quotient si ce reste, multiplié par 2, est égal au diviseur ou est plus grand que le diviseur.

1662 balles de riz ont coûté 5401 p. 50 c. : combien coûte une balle?

$$\begin{array}{r|l} 5401\ p.\ 50\,c. & 1662 \\ 4155 & 3,25\ c. \\ 8310 & \\ 0000 & \end{array}$$

On a acheté 350 mangues pour 14 piastres : combien coûte une mangue?

$$\begin{array}{r|l} 1400\,c. & 350 \\ 000 & 0,04\ c. \end{array}$$

Observez que lorsque le dividende est un nombre entier exprimé en piastres et qu'il est moins grand que le diviseur, on met un zéro au quotient pour tenir la place des entiers; et que, pour effectuer l'opération, on convertit successivement le dividende en dixièmes et en centièmes.

Un habitant a vendu 3 canards à 7 livres 10 sous l'un; 200 goyaves à 5 pour 3 sous; 80 paquets de brède à 3 sous le paquet; et 6 artichauts à 18 sous l'un : combien a-t-il reçu d'argent?

$$3 \times 150 = 450 \text{ sous}$$
$$40 \times \quad 3 = 120$$
$$80 \times \quad 3 = 240$$
$$6 \times \quad 18 = 108$$

$$\begin{array}{c|c} 918 \text{ sous} & 2 \\ \hline 11 & 4,59 \text{ c.} \\ 18 & \\ 0 & \end{array}$$

Observez que la livre monnaie est $\dfrac{1}{10}$ de piastre, et que 7 liv. 10 sous = 75 c. ou 150 sous. Observez aussi que 200 goyaves à 5 pour 3 sous donnent le même résultat que 40 goyaves à 3 sous l'une.

Pour ramener une fraction décimale à une fraction ordinaire, il faut, après avoir supprimé la virgule, considérer la fraction décimale comme numérateur d'une fraction ordinaire à laquelle on donne pour dénominateur l'unité suivie d'autant de zéros qu'il y a de chiffres à la droite de la virgule. Ainsi, la quantité composée...... 3,25 c. $= \dfrac{325}{100}$, ou $\dfrac{13}{4}$. La fraction décimale 0,04 c. $= \dfrac{04}{100}$ ou $\dfrac{01}{25}$. — Voyez, ci-après, les fractions ordinaires.

Pour convertir des nombres *complexes* en décimales, on réduit les unités complexes qui accompagnent l'unité principale en unités de la plus petite espèce, et le résultat est le numérateur d'une fraction ordinaire, à laquelle on donne pour dénominateur le nombre qui exprime combien il faut de parties de cette plus petite espèce pour composer l'unité principale. Et, après avoir réduit cette fraction en décimales, on y ajoute les unités entières que contenait le nombre complexe.

Pour convertir 2 t. 4 pd. 6 pouces en décimales, on dit 4 pd. 6 pou. $= 54$ pouces, ou $\dfrac{54}{72}$.

$$\begin{array}{c|c} 540 & 72 \\ 360 & \hline 0,75 + 2\,\text{t.} = 2\,\text{t.}\,75. \\ 00 & \end{array}$$

Observez que pour réduire une fraction ordinaire en fraction décimale, on divise le numérateur, que l'on réduit successivement en dixièmes et en centièmes, par son dénominateur.

Pour évaluer une fraction décimale, il faut multiplier cette fraction par le nombre des parties qu'il faut pour composer l'unité principale dont cette fraction représente une ou plusieurs parties, et séparer sur la droite du produit autant de chiffres décimaux qu'en contient la fraction proposée.

Pour évaluer la fraction 0,75 on dit :

75è de t. $\times$ 6 pieds $=$ 4 pd., 50è. de pied. 50è. de pd. $\times$ 12 pouces $=$ 6,00è. pouces : donc 0,75è. de t. $=$ 4 pds. 6 pou.

DES NOMBRES COMPLEXES.

Pour additionner des nombres complexes, on réunit les unités de même valeur ensemble; et, lorsqu'on en trouve assez pour former une ou plusieurs unités d'un ordre supérieur, on retient ces unités pour les comprendre dans la somme de celles contenues dans les nombres suivants à gauche, et l'on écrit l'excédant sous la colonne des chiffres que l'on a ajoutés.

Des ouvriers, qui ont mis 4 jours à exécuter un certain ouvrage, ont fait 9 t. 3 pd. 11 pou. 2 l. le premier jour; 100 t. 0 pd. 0 po. 0 l. le deuxième jour; 47 t. 5 pd. 3 po. 8 l. le troisième jour; et 11 t. 0 pd. 10 po. 8 l. le quatrième jour : combien ont-ils fait de toises d'ouvrage en tout ?

	9 t.	3 pd.	11 po.	2 l.
	100	0	0	0
	47	5	3	8
	11	0	10	8
Total	168 t.	4 pd.	1 po.	6 l.

Un commerçant a vendu

	10 ℔	15 on.	7 gr.	70 gr.	à une personne,
	9	10	4	18	à une autre,
	47	3	6	40	à une autre,
et	0	13	0	55	à une autre. Il a vendu
en tout	68 ℔	11 on.	3 gr.	39 gr.	

La somme des grains est 183, qui contient 2 fois 72 gr. ou 2 gros $+$ 39 grains. La somme des gros, y compris les 2 gros de retenue, est 19 qui contient 2 fois 8 gros ou 2 onces $+$ 3 gros.

La somme des onces est 43 qui contient 2 fois 16 onces ou 2℔ + 11 onces. La somme des livres est 68.

Dans la soustraction des nombres complexes, si le chiffre du nombre supérieur est moins fort que celui du nombre inférieur, on emprunte une unité sur le chiffre significatif à gauche; on décompose cette unité en parties de même espèce que celles dont on ne pouvait retrancher; on compte le chiffre sur lequel on a emprunté pour une unité de moins; et s'il y a un zéro intermédiaire, on le compte pour autant d'unités moins une qu'il en faut de son espèce pour composer l'unité de l'ordre immédiatement à gauche.

Si de	634 t.	0 pd.	0 pou.
on ôte	68	4	10
il restera	565 t.	1 pd.	2 pou.

On emprunte une toise, qui vaut 6 pd.; on en laisse 5 pour donner cette valeur au zéro intermédiaire, et on en prend un, qui vaut 12 pouces.

De	5486 ℔	0 m.	0 on.	0 gros
étant ôtés	349	1	7	7
il reste	5156 ℔	0 m.	0 on.	1 gros.

Ayant emprunté une livre, qui vaut 2 marcs, et laissé 1 marc pour donner cette valeur au premier zéro à gauche, et 7 onces ou un marc moins une once pour donner cette valeur à l'autre zéro, il reste une once, qui vaut 8 gros; on dit : 7 ôtés de 8, il reste 1, etc.

La piastre courante étant divisée en dizièmes ou livres, en centièmes et en demi-centièmes ou sous, la multiplication des nombres complexes repose sur les mêmes principes que celle des nombres décimaux.

Combien coûteront 34 aunes de drap à 6 p. 25 c. l'aune?

$$6{,}25 \text{ c.}$$
$$\times\ 34 \text{ aun.}$$
$$\overline{25\ 00}$$
$$187\ 5$$

Réponse $\overline{212{,}50 \text{ c.}}$

On peut aussi disposer l'opération comme on l'a fait ci-dessous, où, après avoir multiplié les unités 6, par les 34 aunes, on dit : si l'on avait à multiplier une piastre par 34, le produit serait

34 p. Or, 25 c. étant le $\frac{1}{4}$ d'une piastre, le produit de 25 c. par 34 sera 8,50 c.

$$6\ 25\ c.$$
$$34$$
$$\overline{24\ 0\ c.}$$
$$18$$

Pour 25 c. le $\frac{1}{4}$ du

multiplicateur $\qquad$ 8 50

$$\overline{212,50\ c.}$$

Combien coûteront 5 t. 4 p. 8 pouc. d'ouvrage à 72 p. la toise ?

$$72\ p.$$
$$5\ t.\ 4\ p.\ 8\ pouc.$$
$$\overline{360\ p.\ 0\ c.}$$

Pour 3 p. le $\frac{1}{2}$ de 72 $\qquad$ 36

Pour 1 idem. le $\frac{1}{3}$ de 36 $\qquad$ 12

Pour 6 pou. le $\frac{1}{2}$ de 12 p. $\qquad$ 6

Pour 2 id. le $\frac{1}{3}$ de 6 p. $\qquad$ 2

$$\overline{416\ p.\ 0\ c.}$$

3 pieds étant le $\frac{1}{2}$ de la toise coûteront $\frac{1}{2}$ du prix 72 p. ou 36 p.

1 pied étant le $\frac{1}{3}$ de 3 pieds, coûtera $\frac{36}{3}$ ou 12 p.

6 pouces étant $\frac{1}{2}$ d'un pied, coûteront $\frac{12}{2}$ ou 6 p.

2 pouces étant $\frac{1}{3}$ de 6 pouces, coûteront $\frac{6}{3}$ ou 2 p.

Ainsi, quand le multiplicateur est complexe, on décompose en parties *aliquotes* (1) de l'unité principale de ce facteur les subdi-

(1) Semblables.

visions qu'il contient, et l'on effectue sur le multiplicande les opérations indiquées par ces subdivisions.

Combien coûteront 36 marcs, 6 onces 4 gros d'une chose, à 51 p. 50 c. le marc?

$$51 \quad 50 \text{ c.}$$
$$36 \text{ m. } 6 \text{ onc. } 4 \text{ gros.}$$
$$306 \quad 0 \text{ c.}$$
$$153$$

Pour 50 c. $\qquad$ 18 $\quad$ 0

Pour 4 onces le $\dfrac{1}{2}$ du multiplicande $\qquad$ 25 $\quad$ 75

Pour 2 onc. $\dfrac{1}{2}$ de 25,75 c. $\quad$ 12 $\quad$ 87 $\dfrac{1}{2}$ ou $\dfrac{4}{8}$

Pour 4 g. $\dfrac{1}{4}$ de 12.87 $\dfrac{1}{2}$ $\qquad$ 3 $\quad$ 21 $\dfrac{7}{8}$

$$1895, 84 \text{ c. } \dfrac{3}{8}$$

Ainsi, quand le multiplicande et le multiplicateur sont complexes, après avoir formé le produit des unités principales du multiplicande par celles du multiplicateur, on prend seulement sur les unités principales du multiplicateur les parties décimales du multiplicande; c'est-à-dire, qu'on multiplie d'abord tout le multiplicande par les unités principales du multiplicateur, puis on décompose les subdivisions du multiplicateur en parties aliquotes de son unité principale, et on effectue sur tout le multiplicande les opérations qu'elles indiquent.

Dans la division, si le diviseur est incomplexe et que la question à laquelle est appliquée cette opération demande que le dividende et le quotient soient exprimés en piastres et parties de piastre, le procédé à suivre est le même que celui que nous avons donné en parlant des nombres décimaux.

On a donné 189 p. 14 c. pour 50 toises d'ouvrage : combien coûte une toise?

$$\begin{array}{r|l} 189.14 \text{ c.} & 50 \text{ t.} \\ \hline 39 \ 1 & 3,78 \text{ c.} \\ 4 \ 14 & \\ 14 & \end{array}$$

Si le diviseur est complexe et le dividende incomplexe, on réduit le diviseur en unités de la plus petite valeur qu'il contient ; on multiplie le dividende par le nombre qui exprime combien il faut d'unités de cette espèce pour égaler l'unité principale du diviseur, et on divise ce dernier résultat par le premier.

On a donné 120 p. pour 41 t. 3 p. 4 pouc. : combien coûte une toise?

$$120 \times 72 \text{ pouc.} = 8640$$
$$41 \text{ t. } 3 \text{ p. } 4 \text{ pouc.} = 2992 \text{ pouc.} \quad 26560 \quad | \quad 2992$$
$$26240 \quad | \quad 2,88 \text{ c. } 1 \text{ s.}$$
$$2304$$

Lorsque le diviseur est de même espèce que le dividende et que, par l'état de la question, on reconnaît qu'on doit avoir un quotient d'une espèce différente, il faut réduire le dividende et le diviseur chacun à la plus petite espèce qu'ils contiennent et diviser le premier des deux résultats par le second, en considérant les unités du dividende de même nature que celles qu'on doit avoir au quotient.

Combien fera-t-on faire de toises d'ouvrage pour 7954 p. 50 c. à raison de 72 p. la toise?

$$72 \text{ p.} = 7200 \text{ c.}$$
$$7954 \text{ p. } 50 \text{ c.} = 795450 \text{ c.} \quad | \quad 7200 \text{ c.}$$
$$7545 \quad | \quad 110 \text{ t. } 2 \text{ p. } 10 \text{ p. } 6 \text{ l.}$$
$$3450$$
$$\times 6 \text{ t.}$$
$$\overline{20700}$$
$$6300$$
$$\times 12$$
$$\overline{12600}$$
$$6300$$
$$\overline{75600}$$
$$3600$$
$$\times 12$$
$$\overline{7200}$$
$$3600$$
$$\overline{43200}$$
$$0000$$

Observez que, de même qu'on multiplie un nombre par 100 en y ajoutant deux zéros, de même on divise un nombre par 100 en séparant par une virgule deux chiffres de ce nombre sur la droite; et que, s'il est exprimé en piastres, ces deux chiffres sont des centièmes.

EXERCICE.

36 t. 4 p. 5 pouc. 8 l. ont coûté 128 p. 25 c. : combien coûte une toise?

$$128 \text{ p. } 25 \text{ c.} \times 864 \text{ l.} = 11080800 \mid 31748$$

$$155640 \mid \overline{3 \text{ p. } 49 \text{ c. la toise}}$$

$$286480$$

$$36 \text{ t. } 4 \text{ p. } 5 \text{ pouc. } 8 \text{ l.} = 31748 \qquad 748$$

CALCUL DES UNITÉS ANGLAISES DONT L'USAGE EST LE PLUS FRÉQUENT.

Avant de parler du calcul de ces unités, nous ferons connaître les valeurs qu'elles indiquent.

Monnaies.

La livre sterling vaut 20 shelings. Le sheling vaut 12 deniers ou pence. Le denier ou penny $= \dfrac{4}{4}$. Le $\dfrac{1}{4}$ ou farthing est $\dfrac{1}{48}$ de sheling (shilling).

Le souverain (or) est égal à 1 £ sterling ou *pound*. La guinée (or) vaut 21 shelings. L'écu (argent) ou crown vaut 5 shelings. La demi-couronne vaut 2 shelings 6 d. Voyez ce qui a été dit page 16.

Poids pour évaluer les corps graves.

16	drams font.	1 once (ounce).
16	onces	1 pound.
28	pounds.	1 quart (quarter).
4	quarts = 112 ℔ ou.	1 hundred weight.
20	hundred weight	1 ton.

Poids pour évaluer les corps légers.

24	grains font.	1 penny weight.
20	penny weight	1 once.
12	onces	1 pound.

Mesure pour les tissus, etc.

4	nails font	1 quart de yard.
3	quarts	1 flemishell.
4	quarts	1 yard.
5	quarts	1 english ell.
6	quarts	1 french ell.

Mesure pour les grandes distances.

3	Barley-corns font	1 inch.
12	inches.	1 foot.
3	feet (pl. de foot)	1 yard.
6	feet	1 fathom.
$5\frac{1}{2}$	yards	1 rod, pole ou perch.
40	poles	1 furlong.
8	furlongs	1 mile.
3	miles.	1 lieue (league).
60	miles	1 degré.

Mesure pour les petites distances.

144	Inches font	1 foot.
9	feet	1 yard.
100	feet	1 square de flooring.
$172\frac{1}{2}$	feet	1 rod.
40	rods	1 rood.
4	roods = 160 rods ou 4840 yds. ou	1 acre de land.
640	acres.	1 square mile.
30	acres.	1 yard de land.
100	acres.	1 hide de land.

Mesure des solides.

1728	Inches font.	1 solid foot.

27 feet . . . . 1 yd. or load de earth.
40 feet = round timber ⎫
50 feet de hewn timber ⎭ is . . . . 1 ton ou load.

EXERCICES.

ADDITION.

5 £	11 sh.	6 d.$\frac{3}{4}$	152 ℔	15 oz.	15 d.	127 yd.	2 gr.	1 n.
2	16	3 $\frac{1}{4}$	272	14	10	15	1	3
0	11	5 $\frac{1}{4}$	303	15	11	237	0	2
3	17	6 $\frac{3}{4}$	255	10	4	32	1	3
5	17	8 $\frac{1}{4}$	173	6	2	376	2	1
Total 18 £	14 sh.	6 d.$\frac{1}{4}$	1158 ℔	14 oz.	10 d.	789 yd.	0 gr.	2 n.

Dans l'addition des monnaies, la somme des quarts est $\frac{9}{4}$ ou 2 deniers $\frac{1}{4}$: on pose $\frac{1}{4}$ et on retient 2 d. : on fait la somme des deniers et on y joint les 2 d. qu'on a retenus, ce qui donne 30 d. ou 2 sh. $+$ 6 d. : on pose les 6 d. et on retient les 2 sh. que l'on ajoute à la somme des shelings, ce qui donne 74 sh. ou 3 £ $+$ 14 sh. : on pose les 14 sh. et on retient les 3 £ pour les joindre aux unités de livre.

SOUSTRACTION.

715 £	2 sh.	7 d.$\frac{1}{4}$	35 ℔	10 oz.	5 d.	35 yd.	2 gr.	2 n.
—176	3	8 $\frac{2}{4}$	—29	12	7	—17	2	1
Reste 238 £	18 sh.	10 d.$\frac{3}{4}$	5 ℔	13 oz.	14 d.	18 yd.	0 gr.	1 n.

Dans la soustraction des monnaies, ne pouvant ôter $\frac{2}{4}$ de $\frac{1}{4}$ on emprunte un denier et l'on a $\frac{1}{4} + \frac{4}{4} = \frac{5}{4}$ desquels on ôte les $\frac{2}{4}$ et il reste $\frac{3}{4}$. Ne pouvant ôter 8 d. de 6 d. on emprunte 1 sh. que l'on ajoute aux 6 d. et l'on a 18 d. desquels on ôte les 8 d. du nombre inférieur, et il reste 10 d. Ne pouvant ôter 3 sh. de 1 sh. on emprunte une livre, et l'on a 20 sh. + 1 sh. = 21 sh. desquels on ôte les 3 sh. du nombre inférieur, et il reste 18 sh. Enfin, on retranche les unités entières du nombre inférieur de celles du nombre supérieur, observant de compter pour une unité de moins le chiffre 5 sur lequel on a emprunté.

MULTIPLICATION.

Combien coûteront 8 yards de drap à 2 £ 3 sh. la yard?

$$\begin{array}{ll} 2\ £ & 3\ \text{sh.} \\ 8\ \text{yd.} & \\ \hline 16\ £ & 0\ \text{sh.} \end{array}$$

Pour 2 sh. le $\frac{1}{10}$ de 8.   0   16

Pour 1 le $\frac{1}{2}$ de 16 sh.   0   8

Réponse   17 £   4 sh.

Combien coûteront 50 ℔ 10 oz. d'une chose, à 25 £ la livre ou pound?

$$\begin{array}{lll} 25\ £ & & \\ 50\ ℔ & 10\ \text{oz.} & \\ \hline 1250\ £ & 0\ \text{sh.} & 0\ \text{d.} \end{array}$$

Pour 8 oz. le $\frac{1}{2}$ de 25 £   12   10   0

Pour 2 oz. le $\frac{1}{4}$ de 12 £ 10 sh.   3   2   6

    1265 £   12 sh.   6

Combien coûteront 60 pounds 8 oz. 4 dr. d'une chose, à 25 £ 5 sh. la livre ou pound?

$$\begin{array}{lll} 25\ £ & 5\ \text{sh.} & \\ 60\ ℔ & 8\ \text{oz.} & 4\ \text{dr.} \\ \hline 1500\ £ & 0\ \text{sh.} & 0\ \text{dr.} \end{array}$$

Pour 5 sh. le $\frac{1}{4}$ de 60   15   0   0

Pour 8 oz. le $\frac{1}{2}$ de 25 £ 5 sh.   12   12   6

Faux produit de 1 oz. le $\frac{1}{8}$ de

12 £ 12 sh. 6 d.   1   11   6 $\frac{8}{4}$ B. T.

Pour 4 d. le $\frac{1}{4}$ de 1 £ 11 sh. 6 d. $\frac{3}{4}$ 0   7   10 $\frac{11}{16}$

    1528 £   0 sh.   4 dr. $\frac{11}{16}$

Combien coûteront 75 ℔ d'une chose quelconque, à 7 sh. 2 d. $\frac{3}{4}$ la livre?

$$7 \text{ sh. } 2 \text{ d. } \frac{3}{4}$$

	75		
	26 £	5 sh.	0 d.
Pour 1 d. le $\frac{1}{12}$ de 75	0	6	3
idem.	0	6	3
Pour $\frac{1}{4}$ le $\frac{1}{4}$ de 6 sh. 3 d.	0	1	6 $\frac{3}{4}$
Pour $\frac{2}{4}$	0	3	1 $\frac{2}{4}$
	27 £	2 sh.	2 d. $\frac{1}{4}$

DIVISION.

On a donné 17 £ 4 sh. pour 8 yards de drap : combien coûte une yard?

$$17 \text{ £ } \quad 4 \text{ sh. } \Big|\ 8$$
$$1 \text{ £ } \quad\quad\quad \Big|\ \overline{2 \text{ £ } 3 \text{ sh.}}$$
$$20$$
$$\overline{20}$$
$$+\ 4$$
$$\overline{24 \text{ sh.}}$$
$$0$$

On a donné 1265 £ 12 sh. 6 d. pour 50 ℔ 10 oz. d'une chose : combien coûte la livre ou pound?

$$1265 \text{ £ } \quad 12 \text{ sh. } \quad 6 \text{ d.}$$
$$\times\ 16 \text{ oz.}$$

7590 £	0 sh.	0 d.	
1265			
Pour 10 sh. le $\frac{1}{2}$ de 16	8	0	0
Pour 1 sh. le $\frac{1}{10}$ de 8 £	0	16	0
idem	0	16	0
Pour 6 d. le $\frac{1}{2}$ de 16 sh.	0	8	0
20250 £	0 sh.	0 d.	810
4050			25 £
000			

$$50 \text{ ℔}$$
$$\times\ 16 \text{ oz.}$$
$$\overline{800}$$
$$+\ 10$$
$$\overline{810}$$

Combien aura-t-on de livres ou de pounds d'une chose quelconque,
pour 40 £ 10 sh. à raison de 4 £ la livre ou pound ?

$$40\ £\ 10\ \text{sh.} = 810\ \text{sh.} \quad | \quad 80\ \text{sh.}$$

<pre>
40 £ 10 sh. = 810 sh. | 80 sh.
                   10 | 10 ℔ 2 oz.
                 + 16 |
                 ────
                  160
    4 £ = 80 sh.   00
</pre>

Observez que le mécanisme de ces dernières opérations est le même
que celui que nous avons employé pour calculer les unités des poids
et mesures adoptés à Maurice. Observez aussi qu'il y a des unités anglaises dont la division est la même que celle des anciennes unités
françaises. Dans le système des unités anglaises, l'année commune,
par exemple, est aussi divisée en 365 jours, le jour en 24 heures,
l'heure en 60 m., la minute en 60 secondes, et la seconde en 60
tierces.

----

*Rapport approché des unités adoptées à Maurice, aux unités
dont la connaissance est nécessaire aux relations commerciales
de cette île.*

Monnaies.

La pièce de 5 francs est égale à la piastre courante.

La pièce de 1 franc est $\frac{1}{5}$ de la piastre courante : elle est égale
à 20 c. et c'est pour cette valeur qu'elle est reçue dans le commerce; mais elle n'est comptée, dans le système des unités an-
glaises, que pour 9 d. $\frac{3}{10}$; ce qui donne 46 d. $\frac{1}{2}$ pour 5 pièces.

La pièce d'or de 20 francs est reçue dans le commerce pour 4
piastres courantes; mais dans le système des unités anglaises,
elle n'est comptée que pour 15 sh. 10 d. Ainsi, 19 pièces = 15 £
ou 75 p. courantes.

Le sou marqué vaut $\frac{3}{4}$ de penny. 16 sous marqués = 1 sh. ou
25 centièmes.

Le souverain vaut 5 piastres courantes.

La $\frac{1}{2}$ couronne anglaise est comptée pour 62 c. $\frac{1}{2}$. Ainsi, 8 pièces = 5 p. courantes ou 1 £.

Une roupie de 1835, frappée par la Compagnie des Indes, n'est comptée dans le système des unités anglaises que pour 1 sh. 10 d. ou 45 c. $\frac{5}{6}$. Ainsi, 24 roupies font 2 £ 4 sh. ou 11 p. courantes; mais le commerce la reçoit pour 50 c.

1 Gold-Mohur de la Compagnie vaut 1 £ 9 sh. ou 7 p. 29 c. $\frac{1}{6}$ Ainsi, 24 pièces = 35 £ ou 175 p.

1 piastre d'Espagne ou d'Amérique n'est comptée que pour 4 sh. 2 d. ou 1 p. 04 c. $\frac{1}{6}$. Ainsi 24 pièces = 5 £ ou 25 p. courantes ; mais le commerce la reçoit pour 1.08 centièmes.

1 Quadruple n'est comptée que pour 3 £ 4 sh. ou 16 p. courantes ; mais le commerce la reçoit pour 16,50.

Pour réduire des francs en piastres courantes, divisez le nombre des pièces par 5.

Pour réduire des livres sterling en piastres courantes, multipliez le nombre des pièces par 5. — Pour réduire des shelings en piastres, divisez le nombre des pièces par 4, et, s'il y a un reste, multipliez ce reste par 25 pour avoir des centièmes. — Pour réduire des deniers en centièmes, multipliez le nombre des pièces par $\frac{25}{12}$.

Observez que, pour réduire des piastres en francs, on multiplierait le nombre des pièces par 5 ; que, pour réduire des piastres en livres sterling, on diviserait le nombre des pièces par 5, etc.

Mesures et poids.

Si le nombre des chiffres décimaux est le même, on réduit des mètres en aunes, en divisant les mètres par 1,1884. Si l'un des nombres a moins de chiffres décimaux que l'autre, on met un ou deux zéros à la droite de ce nombre.

Pour réduire des mètres en toise, divisez les mètres par 1,949.

Pour réduire des mètres en toise carrée, divisez les mètres par 3,798. Pour réduire des mètres en toise cube, divisez les mètres par 7,403.

Pour réduire des mètres en pieds, divisez les mètres par 0,3248. Pour réduire des mètres en pieds carrés, divisez les mètres par 0,10552. Pour réduire des mètres en pieds cubes, divisez les mètres par 0,34277.

Pour réduire des mètres en perches de 18 pieds, divisez les mètres par 3,419. Pour réduire des mètres en perches de 22 pieds, divisez les mètres par 5,107. Pour réduire des arcs en perches carrées de 22 pieds, divisez par 0,5107. Pour réduire des ares en perches carrées de 18 pieds, divisez par 0,342.

Pour réduire des hectares en arpents, divisez par 0,5188. Pour réduire des hectares en arpents de 18 pieds la perche, divisez par 0,3419.

Pour réduire des stères en cordes de bois, divisez par 3,839.

Pour réduire des stères en voies de bois, ou demi-cordes, divisez par 1,919.

Pour réduire des décistères en solives, divisez par 1,028.

Pour réduire des hectolitres en muids de 36 setiers ou 288 pintes, divisez par 2,68. Pour réduire des litres en pintes, divisez par 0,93. Pour réduire des décilitres en chopine, divisez par 4,65. Pour réduire des décilitres en demi-setier, divisez par 2,33.

Pour réduire des hectogrammes en livres, divisez par 4,8951.

Pour réduire des décagrammes en onces, divisez par 3,0594.

Pour réduire des grammes en gros, divisez par 3,8242.

Pour réduire des centigrammes en grains, divisez par 5,308.

Pour réduire des francs en livres tournois, divisez par 0,987654.

Pour réduire des centimes en sous français, divisez par 0,05.

Observez que, pour réduire des aunes en mètres, on multiplierait par 1,188 ; que, pour réduire des toises en mètres, on multiplierait par 1,949 ; etc.

Pour réduire des yards en aunes, multipliez le nombre des yards par 0,770.

Pour réduire des pieds anglais en pieds français, multipliez par 0,938.

Pour réduire des acres en arpents, multipliez par 0,959.

Pour réduire des *livres troy weight* en livre, multipliez par 0,762. Pour réduire des livres *avoir du poise weight* en livres de la colonie, multipliez par 0,92665 ou 0,927.

Pour réduire des gallons en veltes, multipliez par 0,597.

Pour réduire des pieds ou pouces carrés anglais en pieds ou pouces carrés de la colonie, multipliez par 0,882. Pour réduire des pieds ou pouces cubes anglais en pieds ou pouces cubes de la colonie, multipliez par 0,826.

Observez que, pour réduire des aunes en yards, on diviserait par 0,770 ; que pour réduire des pieds français en pieds anglais, on diviserait par 0,938 ; etc.

Pour réduire des aunes en yards, on peut multiplier les aunes par 1,288.

Rapport des monnaies anglaises aux monnaies françaises.

Guinée ancienne, or. . . . . =	26 fr.	470 m.
Demi-guinée ancienne.	13	235 m.
Quart de guinée ancienne.	6	$617\frac{1}{2}$
Couronne vieille, argent.	6	1800
Demi-couronne ancienne.	3	0900
Sheling (12 pence).	1	1614
Livre sterling (20 shelings ou 1 souverain).	23	2280
A Maurice, 1 sh. 25 c. de piastre. Le souverain 20 ou 25 francs.	3	0900
Couronne nouvelle à 5 sh.	5	8070
Demi-couronne nouvelle 2 sh. $\frac{1}{2}$ . . .	2	9035
Ecu de banque ou dollar.	5	4100

Poids et mesures.

La livre troy = 12 onces ou 240 penny weight ou 5760 grains = ...	0,373095 kilogrammes.
Livre avoir du poids = 16 onces ou 256 drams = ...	0,453414 idem.
Gallon impérial.	4,543457 litres.
Bushel ou boisseau = 8 gallons. . .	36,34766 idem.

Gallon de vin = 4 quart ou 8 pint. .   4,543457 litres.

Pied ou foot = 12 pouces ou inches.   0,304794 mètres.

Yard ou $\frac{1}{2}$ fathom. . . . .   0,914383 mètres.

Pole ou perch = 5 $\frac{1}{2}$ yards ou 16 $\frac{1}{2}$

pieds.   5,02911   idem.

Furlong = 220 yards.   201,1644   idem.

Rood de terre = 1210 yards carrés. .   10,11677   kilomètres.

Mile = 8 furlongs.   1,609314   idem.

Mile géographique ou marin.   1,851851   idem.

League.   5,569339   idem.

Inde. — Monnaies en circulation à Maurice.

Roupie de la Comp^{ie}, frappée en 1835
= 1*s*. 10*d*.   2,1292

Ainsi, 2 roupies argent, de 1835 = 4 fr. 2584.

Tables de réduction.

1 aune col. =	1,1884 mètre	1 et $\frac{1}{3}$ yard, ou	1,285.
2	2,376	2 $\frac{2}{3}$	2,571.
3	3,564	3 $\frac{7}{8}$	3,857.
4	4,752	5 $\frac{1}{7}$	5,143.
5	5,940	6 $\frac{1}{2}$	6,428.
6	7,128	7 $\frac{2}{3}$	7,714.
7	8,316	9 »	9,000.
8	9,504	10 $\frac{1}{4}$	10,286.

9 aunes col. =	10,692 mètres	11 $\frac{4}{7}$ yards, ou	11,571.
10	11,884	12 $\frac{7}{8}$	12,857.
20	23,768	25 $\frac{2}{3}$	25,714.
30	35,652	38 $\frac{4}{7}$	38,571.
50	59,420	64 $\frac{1}{2}$	64,286.

Dans les fractions ordinaires, nous avons cherché une expression simple, ce qui, pour quelques quantités, augmente ou diminue la valeur de la fraction, mais ne change rien à celle des entiers.

1 liv. col. =	0,489 kilogram.	1 $\frac{1}{12}$ liv. angl. ou	1,079.
2	0,979	2 $\frac{1}{6}$	2,158.
3	1,468	3 $\frac{1}{4}$	3,237.
4	1,958	4 $\frac{1}{3}$	4,317.
5	2,447	5 $\frac{1}{3} + \frac{1}{12}$	5,396.
6	2,937	6 $\frac{1}{2}$	6,475.
7	3,426	7 $\frac{1}{2}$	7,554.
8	3,916	8 $\frac{2}{3}$	8,633.
9	4,405	9 $\frac{3}{4}$	9,712.
10	4,895	10 $\frac{6}{8}$	10,792.
20	9,790	21 $\frac{1}{2} + \frac{1}{12}$	21,583.
30	14,685	32 $\frac{1}{3}$	32,376.
50	24,475	53 $\frac{3}{4} + \frac{1}{6}$	53,960.

1 yard =	0,924 mètre.	$\frac{2}{3}$ et $\frac{1}{8}$ aune, ou	0,770
2	1,848	$1\frac{1}{2}$	1,540
3	2,772	$2\frac{1}{3}$	2,310
4	3,696	$3\frac{1}{8}$	3,080
5	4,620	$3\frac{6}{7}$	3,850
6	5,544	$4\frac{2}{3}$	4,620
7	6,468	$5\frac{1}{2}$	4,390
8	7,392	$6\frac{1}{4}$	6,160
9	8,316	7 »	6,930
10	9,240	$7\frac{3}{4}$	7,700
11	10,164	$8\frac{1}{2}$	8,470
12	11,088	$9\frac{1}{4}$	9,240
13	12,012	$10\frac{1}{8}$	10,010
14	12,936	$10\frac{3}{4}$	10,780
15	13,860	$11\frac{2}{3}$	11,550
16	14,784	$12\frac{1}{2}$	12,320
17	15,708	$13\frac{1}{4}$	13,090
18	16,632	14 »	13,860
19	17,556	$14\frac{3}{4}$	14,630
20	18,480	$15\frac{1}{2}$	15,400

30 yards =	27,720 mètres	$23\frac{1}{3}$ aunes, ou	23,100
50	46,200	$38\frac{3}{4}$	38,500

Observez que les fractions ordinaires et les fractions décimales ont été calculées par deux méthodes différentes (les méthodes exposées ci-dessus), et que pour 9 yards ces méthodes diffèrent de 0,07. Enfin, que, pour les fractions ordinaires, on n'a obtenu une expression simple qu'en altérant la valeur de la fraction.

1 liv. avoir du poids =	0,453 kilog.	$\frac{3}{4}$ et $\frac{1}{6}$ liv. col. ou	0,927
2	0,906	2 moins $\frac{1}{7}$	1,853
3	1,360	$2\frac{3}{4}$	2,780
4	1,813	$3\frac{2}{3}+\frac{1}{24}$	3,707
5	2,267	$4\frac{2}{3}$	4,633
6	2,720	$5\frac{5}{6}$	5,560
7	3,173	$6\frac{1}{2}$	6,487
8	3,627	$7\frac{5}{12}$	7,413
9	4,080	$8\frac{1}{3}$	8,340
10	4,534	$9\frac{1}{4}$	9,266
20	9,068	$18\frac{1}{2}$	18,533
30	13,602	$27\frac{3}{4}+\frac{1}{24}$	27,798
50	22,671	$46\frac{1}{3}$	46,330

1 mètre =	0,841 aune, ou	1 moins $\frac{1}{6}$ environ.
2	1,682	1 et $\frac{2}{3}$
3	2,524	$2\frac{1}{2}$
4	3,365	$3\frac{1}{3}$
5	4,207	$4\frac{1}{5}$
6	5,048	$5\frac{1}{24}$
7	5,890	$5\frac{7}{8}$
8	6,731	$6\frac{3}{4}$
9	7,572	$7\frac{4}{7}$
10	8,414	$8\frac{3}{8}$
20	16,828	$16\frac{6}{7}$
30	25,242	$25\frac{1}{4}$
50	42,070	$42\frac{1}{14}$

———

1 kilogramme =	2,042 liv. col. ou	2 et $\frac{1}{24}$
2	4,085	4 et $\frac{1}{12}$
3	6,128	6 et $\frac{1}{8}$
4	8,171	$8\frac{1}{6}$
5	10,214	$10\frac{1}{4}$ moins $\frac{1}{24}$
6	12,257	12 et $\frac{1}{4}$

7 kilogrammes	14,300 liv. col. ou	$14\frac{1}{3}$ moins $\frac{1}{24}$
8	16,343	16 et $\frac{1}{3}$
9	18,385	$18\frac{3}{8}$
10	20,428	$20\frac{5}{12}$
20	40,856	41 moins $\frac{1}{7}$
30	61,284	61 et $\frac{2}{7}$
50	102,140	$102\frac{1}{7}$

Pour que les quantités exprimées en livres offrent une exactitude rigoureuse, réduisez les fractions décimales en fractions ordinaires par la méthode que nous avons donnée ci-dessus.

Fractions de l'aune en mètre.

$\frac{1}{2}$ ou	0,500 aune col. =	0,594 mètre
$\frac{1}{3}$	0,330	0,396
$\frac{1}{4}$	0,250	0,297
$\frac{1}{6}$	0,165	0,198
$\frac{1}{8}$	0,125	0,149
$\frac{1}{7}$	0,143	0,170

Nous empruntons ces quantités aux ouvrages adoptés pour l'enseignement. Les tables imprimées à Bordeaux n'offrent pas toujours les mêmes résultats. La valeur réelle de l'aune en mètre est de 1,188.

JAUGE DE MER

—

1 tonneau français = 2000 livres ou 906,80 kilogrammes
(42 pieds cubes).
1 tonneau anglais = 2240 livres avoir du poids ou 1015,61 kilogrammes.

1 tonneau français renferme   4 Bques à la pantalonne.
          Idem   4 idem doubles barriques.
          Idem   6/2 idem doubles futailles.
          Idem   8/2 idem   idem.

1 tierçon   = 1/6 tonneau ⎫
1 caisse de 75 bouteilles = 1/5   »   ⎪
1   »   de 60   »   = 1/6   »   ⎪
1   »   de 50   »   = 1/7   »   ⎬ Outre le fret, il y a ordinairement
1   »   de 40   »   = 1/8   »   ⎪   15 pour 0/0 d'avarie.
1   »   de 30   »   = 1/10   »   ⎪
1   »   de 25   »   = 1/12   »   ⎪
1   »   de 12   »   = 1/24   »   ⎭

N.	PIEDS ANGLAIS EN MÈTRES.	N.	MÈTRES EN PIEDS ANGLAIS.	N.	CENT^s DE PIED EN POUCES.
1	0,30 mètres.	1	3,28 pds ang.	1	0,12 pouces.
2	0,60	2	6,56	2	0,24
3	0,91	3	9,84	3	0,36
4	1,21	4	13,12	4	0,48
5	1,52	5	16,40	5	0,60
6	1,82	6	19,68	6	0,72
7	2,13	7	22,96	7	0,84
8	2,43	8	26,24	8	0,96
9	2,74	9	29,52	9	1,08
10	3,04	10	32,80	10	1,20

1 toise carrée française	=	3,79 mètres carrés =	40,89	pieds carrés anglais.
1 pied carré français.	=	0,10 mètre =	1,13	pieds carrés anglais.
1 pied carré anglais	=	0,92 mètre =	0,88	pieds carrés français.
1 mètre carré	=	9,47 pieds français =	10,81	pieds carrés anglais.
1 toise cube	=	7,40 mètres cubes =	261,47	pieds cubes anglais.
1 pied cube français	=	0,03 mètre =	1,21	pieds cubes anglais.
1 pied cube anglais	=	0,02 mètre =	0,82	pieds cubes français.
1 mètre cube	=	29,17 pieds cubes fr. =	35,56	pieds cubes anglais.

De la Racine carrée.

Un *nombre carré* est le produit de ce nombre multiplié par lui-même. Ainsi, 16 est le carré de 4.

La *racine carrée* d'un nombre est l'un des facteurs du produit qui a donné le carré. Ainsi, 4 est la racine carrée de 16. Lorsque le nombre carré a plus de deux chiffres, il est presque toujours impossible à l'esprit humain de revenir à la racine sans une méthode.

Pour extraire la racine carrée d'un nombre, on partage ce nombre en tranches de deux chiffres chacune, en commençant par la droite ; et puis, observant que tout nombre composé de dizaines et d'unités renferme les trois parties suivantes : le carré des dizaines de ce nombre, deux fois le produit des dizaines par les unités, et le carré des unités, on opère de la manière suivante :

Me proposant d'extraire la racine carrée de 1156 :

$$\begin{array}{c|c} Op\acute{e}ration. \quad \underline{11,56} & \underline{64} \\ 256 & 34 \\ 00 & \end{array}$$

Je dis : puisque le nombre 1156 renferme deux tranches, sa racine aura deux chiffres, ce qui a lieu ordinairement ; et, pour trouver les dizaines de la racine, je dis : quelle est la racine du nombre le plus voisin de 11, qui donne un carré parfait ? — C'est 3, dont le carré est 9. J'écris 3 au quotient, et j'ôte 9 de 11 : il reste 2 : à côté de ce reste, j'abaisse les deux chiffres de la seconde tranche, c'est-à-dire, de la tranche des unités, et j'ai 256.

Pour trouver les unités de la racine, je double le chiffre des dizaines trouvées, ce qui donne 6 ; divisant les deux derniers chiffres à gauche du nombre 256 par 6, je trouve 4 que j'écris à côté des trois dizaines trouvées, ce qui donne 34. Or, $64 \times 4 = 256$, donc 34 est la racine carrée de 1156.

S'il y avait un reste, la règle serait encore bonne, si ce reste n'était pas plus grand que le double de la racine. Observez que 64 est formé du chiffre 6 (double des dizaines) et de celui des unités que l'on a écrites à sa droite.

On reconnaît aussi que le nombre trouvé remplit les conditions de la question, lorsque le carré de ce nombre moins le reste, s'il y en a un, égale celui dont on veut avoir la racine.

Exercices. — On demande quelle est la racine carrée de 7569.

$$
\begin{array}{r|l}
75,69 & \\
11,69 & 87 \text{ racine.} \\
\underline{1,67} & \\
0,00 &
\end{array}
$$

Un propriétaire a 15625 arbres, qu'il veut planter à des distances égales dans un terrain carré : combien doit-il mettre d'arbres sur chaque face? — Réponse 125.

De la Racine cubique.

Le *cube* est le carré d'un nombre multiplié par ce même nombre. 27, par exemple, est le cube de 3 parce que $3 \times 3 = 9$ et que $9 \times 3 = 27$.

La *racine cubique* est le nombre qui, étant multiplié par son carré, produit le nombre cube. Ainsi 3 est la racine cubique de 27.

Pour extraire la racine cubique d'un nombre, on écrit ce nombre comme on l'a fait pour trouver la racine carrée ; puis, observant que le cube d'un nombre qui renferme des dizaines et des unités, renferme : 1° le carré des dizaines ; 2° deux fois le produit des dizaines par les unités ; 3° le carré des unités, on opère comme on l'a fait dans l'exemple suivant :

Me proposant d'extraire la racine cubique de 79507 :

$$
\begin{array}{r|l}
79,507 & \\
155,07 & 43 \text{ racine.} \\
48 &
\end{array}
$$

Je sépare les trois derniers chiffres à droite, et je dis : quelle est la racine du nombre le plus voisin de 79 qui donne un cube parfait? C'est 4 dont le cube est 64 : j'écris 4 à la racine, et j'ôte 64 de 79 : il reste 15 que j'écris sous 79, et j'abaisse 507 à côté du reste, ce qui donne 15507.

Je sépare les deux derniers chiffres à droite du nombre 15507, et, pour trouver les unités de la racine, je divise 155 par 48, triple du carré des 4 dizaines trouvées, ce qui donne 3 unités, que j'écris à côté des 4 dizaines.

Preuve. $43 \times 43 = 1849 \times 43 = 79507$.

DES FRACTIONS ORDINAIRES.

Une *fraction* est une ou plusieurs parties de l'unité partagée en parties égales. On représente une fraction ordinaire par deux nombres, que l'on écrit l'un au-dessous de l'autre et que l'on sépare par un trait : $\frac{7}{8}$, par exemple, est une fraction ordinaire.

Le nombre que l'on écrit au-dessus du trait se nomme *numérateur* : il marque combien l'on prend de parties de l'unité. Le nombre que l'on écrit au-dessous se nomme *dénominateur* : il marque en combien de parties l'unité est partagée. On dit, *les deux termes de la fraction,* en parlant du numérateur et du dénominateur d'une fraction.

On énonce d'abord le chiffre du numérateur, et ensuite celui du dénominateur, auquel on donne la terminaison *ième.* Ainsi, dans l'exemple ci-dessus on dit : *sept huitièmes.* Quand les fractions ont pour dénominateur un des nombres 2, 3, 4 on dit : *demi, tiers, quart.*

Lorsque le numérateur d'un nombre fractionnaire est égal ou plus grand que le dénominateur, c'est un nombre entier sous une forme *fractionnaire :* tels sont $\frac{3}{2}$ et $\frac{12}{9}$.

*Des principales réductions qu'on peut faire subir aux fractions
et aux nombres fractionnaires.*

Ces réductions, qui ne changent point la valeur des nombres, consistent :

1° A mettre sous une forme fractionnaire, des entiers seuls ou accompagnés de fractions.

2° A trouver les entiers que renferme un nombre sous une forme fractionnaire.

3° A réduire des fractions à leur plus simple expression.

4° A réduire des fractions au même dénominateur.

Quand on met des entiers sous une forme fractionnaire on donne à ces entiers l'unité pour dénominateur. Ainsi $20 = \dfrac{20}{1}$.

S'il y a une fraction avec les entiers, on multiplie les entiers par le dénominateur de la fraction, on ajoute le chiffre du numérateur au produit, et on donne au résultat le dénominateur de la fraction primitive. Ainsi, $20\dfrac{2}{3} = \dfrac{62}{3}$.

Ces expressions $\dfrac{20}{1}$, $\dfrac{62}{3}$, étant des divisions indiquées, pour avoir les entiers qu'elles renferment, on divise le numérateur par le dénominateur, et, s'il y a un reste, ce reste est le numérateur d'une fraction à laquelle on donne le diviseur pour dénominateur.

Pour réduire une fraction à sa plus simple expression, il faut chercher le plus grand nombre qui divise exactement les deux termes de cette fraction.

Observez : 1° que tout nombre pair comme 4, 6, 8, est divisible par 2.

2° Que tout nombre terminé par un zéro, est divisible par 5 et par 10.

3° Que tout nombre terminé par 5, est divisible par 5.

4° Que tout nombre, tel que 324, dont la somme des chiffres, qui est ici 9, est un multiple de 3, est divisible par 3.

5° Que quand les deux derniers chiffres d'un nombre sont divisibles par 4, tout le nombre est divisible par 4.

6ᵉ Que tout nombre dont les trois derniers chiffres sont divisibles par 8, est divisible par 8.

Au lieu de ces essais, qui sont quelquefois insuffisants, on trouve le plus grand nombre qui divise exactement les deux termes de la fraction par la méthode suivante :

On divise le dénominateur par le numérateur ; s'il ne reste rien, c'est le numérateur qui est le plus grand commun diviseur des deux termes de la fraction ; s'il y a un reste, on divise le premier diviseur par ce reste ; et on opère ainsi, jusqu'à ce que la division se fasse exactement : le dernier diviseur qu'on emploie est le plus grand commun diviseur des deux termes de la fraction.

Exercice. — Quelle est la plus simple expression de $\dfrac{117}{1365}$?

1365	117		117	78		78	39
195	11		39	1		0	2
78							

Ainsi, 39 est le nombre qui divise exactement les deux termes de la fraction $\dfrac{117}{1365}$. Et on trouve par l'opération suivante, que la plus simple expression de cette fraction est $\dfrac{3}{35}$.

117	39		1365	39
00	3		195	35
			00	

Observez que dans les divisions que l'on fait pour trouver le plus grand commun diviseur, on ne tient aucun compte des quotients.

On appelle *fraction irréductible* celle dont les termes n'ont pas de diviseur commun. On reconnaît qu'il n'y a point de commun diviseur lorsque, dans les divisions, on a l'unité pour reste.

Pour réduire deux fractions au même dénominateur, on écrit les deux fractions sur la même ligne, et on multiplie les deux termes de celle qui est à gauche, en commençant par le numérateur, par le dénominateur de celle qui est à droite. Et, après avoir écrit les produits sous cette fraction, on multiplie les deux termes de la fraction qui est à droite par le dénominateur de la première fraction, et on écrit les produits sous la seconde fraction.

Exercice. — On veut réduire au même dénominateur les fractions $\frac{2}{3}$ et $\frac{3}{4}$.

$$\begin{array}{ccc} & & \frac{2}{3} \\ 2 \times 4 = & & 8 \\ 3 \times 4 = & & \overline{12} \end{array} \qquad\qquad \begin{array}{cc} & \frac{3}{4} \\ 3 \times 3 = & 9 \\ 3 + 4 = & \overline{12} \end{array}$$

Ainsi, $\frac{2}{3}$ et $\frac{3}{4} = \frac{8}{12}$ et $\frac{9}{12}$.

Pour réduire au même dénominateur un plus grand nombre de fractions, on multiplie les deux termes de chaque fraction, chacun par le produit des dénominateur de toutes les autres fractions.

On veut réduire au même dénominateur les fractions $\frac{2}{3}, \frac{3}{4}, \frac{4}{5}, \frac{1}{2}$.

On multiplie les deux termes de la première fraction $\left(\frac{2}{3}\right)$ par 40 formé de $4 \times 5 = 20 \times 2 = 40$.

On multiplie les deux termes de la seconde fraction $\left(\frac{3}{4}\right)$ par 30 formé de $3 \times 5 = 15 \times 2\ \ 30$.

On multiplie les deux termes de la troisième fraction $\left(\frac{4}{5}\right)$ par 24 formé de $3 \times 4 = 12 \times 2 = 24$.

Enfin on multiplie les deux termes de la quatrième fraction $\left(\frac{1}{2}\right)$ par 60 formé de $3 \times 4 = 12 \times 5 = 60$.

Observez que lorsque toutes les fractions proposées moins une ont le même dénominateur, souvent il suffit de multiplier ou de diviser par un même nombre les deux termes de la fraction qui a un dénominateur différent. Exemples :

$$\frac{5}{12}, \quad \frac{7}{12}, \quad \frac{1}{2} = \frac{5}{12}, \quad \frac{7}{12}, \quad \frac{6}{12}$$

$$\frac{5}{12}, \quad \frac{7}{12}, \quad \frac{8}{48} = \frac{5}{12}, \quad \frac{7}{12}, \quad \frac{2}{12}$$

Pour faire l'addition et la soustraction des fractions, il faut que les fractions aient le même dénominateur.

Addition.

On ajoute ensemble tous les numérateurs, et on donne au résultat le dénominateur commun des fractions.

$$\frac{2}{7} + \frac{3}{7} + \frac{5}{7}, \text{ par exemple, } = \frac{10}{7} \text{ ou } 1\frac{3}{7}.$$

S'il y a des entiers joints aux fractions, on opère séparément sur les fractions, et on joint ensuite le résultat à la somme des entiers.

Un marchand a vendu cinq coupons d'étoffe; le premier de 6 aunes $\frac{3}{4}$, le 2e de 4 aunes $\frac{2}{3}$, le 3e de 2 aunes $\frac{5}{7}$, le 4e de 1 aune $\frac{4}{5}$, et le 5e de 1 aune $\frac{1}{2}$: combien a-t-il vendu d'aunes d'étoffe en tout?

Réduites au même dénominateur, les fractions $\frac{3}{4}, \frac{2}{3}, \frac{5}{7}, \frac{4}{5}, \frac{1}{2}$ $= \frac{630}{840}, \frac{560}{840}, \frac{600}{840}, \frac{672}{840}, \frac{420}{840}$ dont la somme est $\frac{2882}{840}$ ou 3 aunes $\frac{362}{840}$. Ajoutant cette somme à celle des entiers, on a 17 aunes $\frac{362}{840}$. La fraction $\frac{362}{840} = \frac{181}{420}$ ou, environ $\frac{1}{2}$. Pour trouver la valeur approchée de la fraction $\frac{181}{420}$, qui est irréductible, on dit : si le dénominateur était double du numérateur, la fraction serait égale à $\frac{1}{2}$. Si le dénominateur était triple du numérateur, elle serait égale à $\frac{1}{3}$. Or, $181 \times 2 = 362$. Et $181 \times 3 = 543$; donc cette fraction tombe entre $\frac{1}{2}$ et $\frac{1}{3}$.

Soustraction.

On retranche le plus petit des numérateurs du plus grand, et on donne au reste le dénominateur commun des deux fractions.

$$\frac{4}{7} - \frac{3}{7} = \frac{1}{7}$$

S'il y a des entiers joints aux fractions, et que la fraction qui accompagne le nombre supérieur soit moins forte que celle qui accompagne le nombre inférieur, on emprunte une unité, laquelle exprime la même quantité que le dénominateur commun; et, de la somme formée de cette quantité et du numérateur de la fraction qui accompagne le nombre supérieur, on ôte le numérateur de celle qui accompagne le nombre inférieur.

Si le nombre inférieur était seul accompagné d'une fraction, on emprunterait de même une unité; et, de cette unité réduite comme nous l'avons dit ci-dessus, on retrancherait le numérateur de la fraction.

EXERCICES.

Une personne ayant confié une pièce de drap de 39 aunes $\frac{1}{2}$ à son tailleur, pour que celui-ci lui fît des vêtements; le tailleur renvoie 20 aunes $\frac{3}{4}$: combien le tailleur a-t-il employé d'aunes de drap pour les vêtements ?

$$
\begin{array}{rl}
39 & \frac{2}{4} \\
-\ 20 & \frac{3}{4} \\
\hline
18\ \text{au.} & \frac{3}{4}
\end{array}
$$

On a emprunté sur 39 une unité, laquelle réduite en quarts et ajoutée à $\frac{2}{4}$ fait $\frac{6}{4}$ desquels on a ôté $\frac{3}{4}$; on a ensuite ôté 20 de 38 ou de 39 moins l'unité que l'on avait empruntée, et on a eu pour reste $18 \frac{3}{4}$.

On a ôté 5 aunes $\frac{1}{2}$ d'une pièce d'étoffe de 30 aunes : combien reste-t-il d'aunes d'étoffe dans cette pièce?

$$
\begin{array}{rrl}
& 30 & \\
& -\ 5 & \frac{1}{2} \\
\hline
\text{Reste} & 24\ \text{au.} & \frac{1}{2}
\end{array}
$$

Multiplication.

Observant que plus on ajoute d'unités au numérateur d'une fraction, le dénominateur restant le même, plus la fraction devient grande; et que plus on retranche d'unités de ce même terme, le dénominateur restant le même, plus la fraction devient petite, on concevra que multiplier un nombre par le numérateur d'une fraction, c'est multiplier ce nombre par la fraction.

Exemple. — Combien coûteront 80 aunes de cordonnet à $\frac{1}{2}$ centième (un sou) l'aune?

$$\frac{80}{1} \times \frac{1}{2} = \frac{80}{2} \text{ ou } 40 \text{ c}.$$

On multiplie deux fractions l'une par l'autre en multipliant les numérateurs de ces fractions l'un par l'autre, et en donnant pour dénominateur à ce résultat le produit des deux dénominateurs multipliés de même l'un par l'autre.

Ainsi, $\frac{2}{3} \times \frac{4}{5} = \frac{8}{15}$

S'il y a des entiers joints aux fractions, il faut convertir chacun des nombres donnés avec la fraction, en une expression fractionnaire.

Combien coûteront 8 aunes $\frac{2}{3}$ d'étoffe à 3 p. $\frac{1}{2}$ (3,50) l'aune ?

$$\frac{26}{3} \times \frac{7}{2} = \frac{182}{6} \text{ ou } 30 \text{ p. } 33 \text{ c. } \frac{1}{3}.$$

Réduisez 10 deniers anglais en centièmes?

$$\frac{10 \text{ d.}}{1} \times \frac{25}{12} = \frac{250}{12} \text{ ou } 20 \text{ c. } \frac{5}{6}. \text{ Voy. page 32.}$$

Division.

De ce qui a été dit en parlant de la multiplication des fractions, il résulte que multiplier un nombre par le dénominateur d'une fraction, c'est diviser ce nombre par la fraction.

$\dfrac{3}{4}$ d'aune d'une étoffe ont coûté 18 centièmes : combien coûtera une aune de la même étoffe ?

$$\frac{18}{1} \text{ c.} \times \frac{4}{3} = \frac{72}{3} \text{ ou } 24 \text{ c.}$$

Observez que, pour faciliter le mécanisme de l'opération, on met l'entier sous une forme fractionnaire, et qu'on renverse la fraction diviseur, c'est-à-dire la fraction qui exprime des unités d'une nature différente que celles qu'on doit avoir au quotient; et que, comme dans la multiplication, on multiplie ensuite les numérateurs des deux fractions l'un par l'autre, et qu'on donne pour dénominateur à ce résultat le produit des dénominateurs multipliés de même l'un par l'autre.

On veut diviser $\dfrac{3}{4}$ par $\dfrac{2}{3}$,

$$\frac{3}{4} \times \frac{3}{2} = \frac{9}{8}.$$

S'il y a des entiers joints aux fractions, il faut convertir chacun des nombres donnés avec la fraction en une expression fractionnaire.

8 aunes $\dfrac{2}{3}$ d'étoffe ont coûté 30 p. 33 c. $\dfrac{1}{3}$: combien coûtera une aune de la même étoffe ?

$$\frac{3}{26} \times \frac{9100}{3} = \frac{27300}{78} \text{ ou } 3 \text{ p. } 50 \text{ c.}$$

Souvent on applique les fractions ordinaires aux nouvelles unités françaises.

Un tailleur a quatre coupons du même drap : un de $\dfrac{2}{3}$ de mètre, un de $\dfrac{3}{4}$, un de $\dfrac{5}{6}$ et un de $\dfrac{1}{8}$, il veut savoir combien cela fait de mètres.

Les fractions $\dfrac{2}{3}$, $\dfrac{3}{4}$, $\dfrac{5}{6}$, $\dfrac{1}{8}$, réduites au même dénominateur, $= \dfrac{16}{24}$, $\dfrac{18}{24}$, $\dfrac{20}{24}$, $\dfrac{3}{24}$, dont la somme est $\dfrac{57}{24}$ ou 2 mètres $\dfrac{3}{8}$.

Une pièce de ruban contenait 135 mètres $\frac{3}{4}$, on a vendu 118 $\frac{1}{3}$ de ce ruban : combien reste-t-il de mètres dans la pièce ?

$$135 \text{ m.} \quad \frac{3}{4} \text{ ou } \frac{9}{12}$$

$$-\ 118 \quad \frac{1}{3} \text{ ou } \frac{4}{12}$$

$$\text{Réponse} \quad 17 \text{ m.} \quad \frac{5}{12}$$

La fraction $\frac{5}{12}$ tombe entre $\frac{1}{2}$ et $\frac{1}{3}$.

Combien coûteront 18 mètres $\frac{5}{6}$ de toile, à 2 fr. $\frac{1}{2}$ le mètre ?

$$\frac{113}{6} \times \frac{5}{2} = \frac{565}{12} \text{ ou } 47 \text{ fr.} \frac{1}{12} \text{ ou } 47 \text{ fr. } 08 \text{ centimes.}$$

Si 18 mètres $\frac{5}{6}$ de toile coûtent 47 fr. $\frac{1}{12}$, combien coûtera un mètre de la même toile ?

$$\frac{6}{113} \times \frac{565}{12} = \frac{3390}{1356} \text{ ou } 2 \text{ fr.} \frac{1}{2} \text{ ou } 2 \text{ fr. } 50 \text{ centimes.}$$

Unités anglaises.

Quelle sera la dimension d'un terrain de 123 $\frac{1}{6}$ yards, auquel on veut joindre un autre terrain dont la dimension est de 22 yards $\frac{2}{3}$ de inche ?

$$\frac{1}{6} \times \frac{36}{1} \text{ inch.} = \frac{36}{6} \text{ ou } 6 \text{ inch.}$$

$$\frac{2}{3} \times \frac{3}{1} \text{ barl.} = \frac{6}{3} \text{ ou } 2 \text{ barl. Ainsi } \frac{1}{6} \text{ de yard } + \frac{2}{3} \text{ de inch.} =$$
6 inch. 2 barl.

Réponse... 145 yards 6 inch. 2 barl.

Lorsqu'on opère séparément sur des quantités de valeurs différentes, observez qu'on ne réduit pas les fractions au même dénominateur.

Un terrain contenait $165\dfrac{1}{6}$ yards, on en a vendu 22 yards $+$ $\dfrac{2}{3}$ de inche : quelle est sa dimension actuelle ?

$$\dfrac{1}{6}\times\dfrac{36}{1}\text{ inch.} = \dfrac{36}{6} - \dfrac{4}{6} = \dfrac{32}{6}\text{ ou 5 inch. }\dfrac{1}{3}\text{ ou 5 inch. 1 barl.}$$

$$\dfrac{2}{3} = \dfrac{4}{6}$$

Réponse... 143 yards 5 inch. 1 barl.

Combien coûteront 9 liv. $\dfrac{1}{2}$ ou pounds d'une chose quelconque à $\dfrac{3}{4}$ de denier la livre ou pound ?

$$\dfrac{19}{2}\times\dfrac{3}{4} = \dfrac{57}{8}\text{ ou 7 d. }\dfrac{1}{8}.$$

On a payé 7 d. $\dfrac{1}{8}$ pour 9 liv. $\dfrac{1}{2}$ d'une chose, combien coûte la livre ?

$$\dfrac{2}{19}\times\dfrac{57}{8} = \dfrac{114}{152}\text{ ou }\dfrac{3}{4}\text{ de denier.}$$

Réduisez 20 centièmes $\dfrac{5}{6}$ en deniers anglais ?

$$20\text{ c. }\dfrac{5}{6} = \dfrac{125}{6}\times\dfrac{12}{25} = \dfrac{1500}{150}\text{ ou 10 d.}$$

Éléments des fractions décimales.

C'est dans la théorie des fractions ordinaires, qu'il faut chercher les éléments des fractions décimales. (Voyez l'Arithmétique de Reynaud.)

Supposons que le dénominateur d'une fraction est constamment l'unité suivie d'un ou de plusieurs zéros, cette fraction sera *décimale*, car on multiplie un nombre par 10 en ajoutant un zéro à ce nombre; etc. Ainsi, $\dfrac{23547}{1000}$ est une fraction décimale.

Le calcul des unités françaises, qui est tout décimal, donne le moyen de mettre une fraction décimale sous la même forme qu'un nombre entier. Pour mettre la fraction $\dfrac{23547}{1000}$ sous la forme d'un nombre entier, observez que cette fraction se décompose en $\dfrac{23000}{1000} + \dfrac{500}{1000} + \dfrac{40}{1000} + \dfrac{7}{1000}$. Ou en 23 unités $+ \dfrac{5}{10} + \dfrac{4}{100} + \dfrac{7}{1000}$. Ou en 23,547.

Les unités françaises se divisent en dixièmes, centièmes, millièmes, etc. Les dixièmes se placent immédiatement à la droite des unités entières, mais ils en sont séparés par une virgule; les centièmes se placent à la droite des dixièmes; les millièmes à la droite des centièmes; etc.

Lorsque des fractions décimales sont rapportées sans être jointes à des unités entières, on met un zéro à la gauche de ces fractions.

Pour exprimer $\dfrac{5}{10}$ on écrit. . . . . 0,5.

Pour exprimer $\dfrac{60}{100}$ on écrit. . . . . 0,60.

Pour exprimer $\dfrac{23}{1000}$ on écrit. . . . . 0,023.

Pour exprimer $\dfrac{6500}{1000}$ on écrit. . . . . 6,500.

L'Addition des nombres décimaux se fait comme celle des nombres entiers, mais on a soin en écrivant ces nombres, de placer les dixièmes sous les dixièmes, les centièmes sous les centièmes, etc. On peut ajouter des zéros à la droite des nombres décimaux qui ont le moins de chiffres : ces zéros changent les dixièmes en centièmes; les centièmes en millièmes, etc., mais ils ne changent point la valeur de ces nombres. Ainsi, 0,5 est égal à 0,50 et 0,50 est égal à 0,500.

Dans la soustraction des nombres décimaux, on facilite le calcul en ajoutant de même des zéros à la droite du nombre qui a le moins de chiffres décimaux.

Dans la multiplication, on supprime la virgule dans chacun des facteurs, mais on sépare autant de décimales sur la droite du produit qu'il y en a dans les deux facteurs.

Dans la division, on facilite le calcul en ajoutant des zéros à la suite du nombre qui a le moins de chiffres décimaux.

Voyez, pour le mécanisme de ces différentes opérations et pour les cas différents qui peuvent se présenter, le calcul des nombres simples et celui des unités coloniales.

Lorsqu'on sépare deux décimales dans le produit des livres sterlings que l'on a multipliées par un nombre abstrait, ces décimales expriment des centièmes de livre. Ainsi $1 \pounds 50 = 1 \pounds \frac{50}{100}$ ou $1 \pounds \frac{1}{2}$ ou $1 \pounds 10$ sh.

Des Proportions.

On appelle *proportion*, l'assemblage de deux rapports égaux. On appelle *rapport*, le résultat de la comparaison de deux quantités, ou le quotient de l'une de ces quantités divisée par l'autre. Ainsi, le rapport de 12 à 4, par exemple, est 3.

Il y a quatre termes dans une proportion : le premier et le dernier terme se nomment *les extrêmes*, et le second et le troisième se nomment *les moyens*.

Quatre quantités sont en proportion lorsque le quotient des deux quantités énoncées les premières, est égal au quotient des deux quantités énoncées les dernières. Ainsi, 12, 3, 20, 5, forment une proportion.

$$\begin{array}{c|c} 12 & 3 \\ \hline 0 & 4 \end{array} \qquad\qquad \begin{array}{c|c} 20 & 5 \\ \hline 0 & 4 \end{array}$$

Pour indiquer qu'il y a proportion entre ces quantités, on les écrit ainsi 12 : 3 :: 20 : 5. Et l'on énonce ainsi cet assemblage : *douze est à trois comme vingt est à cinq.*

Si quatre quantités sont en proportion, elles y seront encore si l'on met les extrêmes à la place des moyens, et les moyens à la place des extrêmes. Ainsi, la proportion 12 : 3 :: 20 : 5 peut aussi s'écrire de cette manière 3 : 12 :: 5 : 20.

Pour avoir un moyen proportionnel entre deux nombres donnés, il faut multiplier les deux nombres l'un par l'autre et extraire la racine carrée du produit.

On veut avoir un moyen proportionnel entre 4 et 9.

$4 \times 9 = 36$. La racine carrée de 36 est 6.

Pour avoir un terme quelconque d'une proportion dont trois sont connus, il faut multiplier les deux moyens l'un par l'autre et diviser le produit par l'extrême connu, si l'on cherche un extrême.

Si le terme que l'on cherche est un des moyens, il faut multiplier les deux extrêmes l'un par l'autre, et diviser le produit par le moyen connu.

Ce calcul est appelé *règle de trois*, parce que des quatre quantités que l'énoncé de la question à laquelle il est appliqué fait concevoir, trois sont connues.

La *règle de trois* est simple ou composée. Elle est simple, lorsque l'énoncé de la question ne fait concevoir que quatre quantités. Elle est composée, lorsque l'énoncé de la question fait concevoir plus de quatre quantités.

Règle de Trois simple.

Si 13 aunes de drap coûtent 130 p. 00 c., combien coûteront 18 aunes du même drap ?

$$13 \text{ aunes} : 18 \text{ aunes} :: 130 \text{ p.} ; x \text{ p.}$$

```
        130
         18
        ————
       1040
        130
       ————  | 13
       2340  | ————
        104  | 18
        000
```

Pour bien établir les rapports, il faut observer que, parmi les quatre termes que fait concevoir l'énoncé de la question, il y a toujours deux nombres qui sont d'une même espèce ; et deux autres nombres qui sont aussi d'une même espèce, mais d'une espèce différente que les premiers ; et, en commençant par le plus petit, faire suivre immédiatement les nombres de même espèce, que l'on sépare par deux points, et mettre quatre points après ces nombres, pour les séparer des deux autres. Ainsi, on aura :

« Le plus petit terme de la première espèce est au plus grand terme de cette espèce, comme le plus petit terme de la seconde espèce est au plus grand terme de cette seconde espèce. »

Observez qu'en suivant cette méthode, on trouve également le nombre demandé en mettant les nombres de la seconde espèce avant ceux de la première espèce, puisqu'on peut, sans troubler l'ordre d'une proportion, mettre les extrêmes à la place des moyens, et les moyens à la place des extrêmes.

8 hommes ont fait un ouvrage en 15 jours ; combien faudra-t-il d'hommes pour faire un ouvrage semblable en 5 jours ?

Il est évident qu'il faut plus d'hommes pour faire un ouvrage quelconque en 5 jours, qu'il n'en faut pour faire le même ouvrage en 15 jours. On aura donc cette proportion :

$$8 \text{ h.} : x \text{ h.} :: 5 \text{ j.} : 15 \text{ j.}$$

$$\begin{array}{c} 15 \\ 8 \\ \hline 120 \\ 20 \\ 0 \end{array} \left| \begin{array}{l} 5 \\ \hline 24 \text{ hommes.} \end{array} \right.$$

Si 15 toises d'ouvrage coûtent 18 p., combien coûteront 150 toises d'un ouvrage semblable ?

150 t. devant coûter plus que 15 t. on aura :

$$15 \text{ t.} : 150 \text{ t.} :: 18 \text{ p.} : x \text{ p.}$$

$$150 \times 18 = \frac{2700}{15} \text{ ou } 180 \text{ p.}$$

La méthode suivante donne le même résultat sans le secours des proportions.

« Divisez le prix connu par le nombre des choses qui ont donné ce prix, et multipliez le quotient par le nombre des choses dont le prix n'est pas connu. »

Si l'on emploie cette méthode pour résoudre la question précédente, on fera ainsi l'opération :

$$\begin{array}{c|c} 18 \;\; \text{p.} & 15 \\ 30 & \overline{1,20} \text{ c.} \\ 000 & \end{array} \qquad \begin{array}{c} 120 \text{ c.} \\ 150 \text{ t.} \\ \hline 60 \\ 12 \\ \hline 180 \text{ p. } 00 \text{ c.} \end{array}$$

Si 6 aunes $\frac{1}{2}$ d'étoffe coûtent 3 p. 90 c., combien coûteront $\frac{3}{4}$ d'aune de la même étoffe?

$\frac{3}{4}$ d'aune devant coûter moins que 6 $\frac{1}{2}$ on aura :

$$\frac{3}{4} : \frac{13}{2} :: x : \frac{390}{1}$$
$$\frac{1170}{4} \times \frac{2}{13} = \frac{2340}{52} \text{ ou 45 c.}$$

$$\frac{3,90 \text{ c.}}{1} \times \frac{2}{13} = \frac{780}{13} \times \frac{3}{4}$$
$$= \frac{2340}{52} \text{ ou 45 centièmes}$$

On n'emploie pas cette dernière méthode pour résoudre les questions semblables à celle qui suit.

Un chef ouvrier avait jugé qu'il pouvait exécuter un certain ouvrage en 80 jours avec 20 hommes ; mais, pressé par des circonstances imprévues, il a porté le nombre des hommes à 25 : combien lui faudra-t-il de jours pour exécuter cet ouvrage?

$$x \text{ j. } : 80 \text{ j. } :: 20 \text{ h. } : 25 \text{ h.}$$
$$\begin{array}{c|c} 80 \times 20 = 1600 & 25 \\ 100 & \overline{64 \text{ j.}} \\ 00 & \end{array}$$

Unités françaises. — 46 mètres de toile ont coûté 94 francs

76 centimes : combien coûteront 58 mètres de la même toile?

46 m. : 58 m. :: 94,76 c. : x. = 119 fr. 48

$$\begin{array}{c|c} 9476 & 46 \\ 276 & \overline{206} \\ 00 & 58 \\ \hline & 1648 \\ & 1030 \\ \hline & 119\,\text{f.}\,48\,\text{c.} \end{array}$$

Unités anglaises. — Le net produit d'une partie de sucre étant de 21 sh. par hundred weight, c'est-à-dire 112 liv. avoir du poids, on demande combien cela fait par 100 liv. ou pound ?

x sh. : 21 sh. :: 100 liv. : 112 liv.

$$\begin{array}{r|l} 21 \text{ sh.} \times 100 = 2100 & 112 \\ 980 & \overline{18 \text{ s. } 9 \text{ d.}} \\ 84 & \\ 12\text{d} & \\ \hline 168 & \\ 84 & \\ \hline 1008 & \\ 000 & \end{array}$$

$$\begin{array}{r|l} 21 \text{ sh.} = 252 \text{ d.} & 112 \text{ liv.} \\ 28 & \overline{2 \text{ d. } \dfrac{28}{112} \text{ ou } 2 \text{ d. } \dfrac{1}{4}.} \end{array}$$

$$\frac{9}{4} \times \frac{100}{1} = \frac{900}{4} \text{ ou } 18 \text{ sh. } 9 \text{ d.}$$

Si l'on demande combien cela fait par 100 liv. poids de la colonie, il faudra opérer ainsi :

$$\begin{array}{ll} 112 \text{ liv.} & 21 \text{ sh.} = 5 \text{ p. } 25 \text{ c.} \\ 0,926 & \\ \hline 672 & \\ 224 & \\ 1008 & \\ \hline 103712 & \end{array}$$

$$\text{B. 1} \qquad \frac{525}{103}\text{,}\frac{00}{71} = 5 \text{ p. } 06 \text{ c. ou } 1 \text{ £ } 2 \text{ d. } \frac{7}{8}.$$

x : 5,25 c. :: 100 : 103,71.

On a eu $3\frac{1}{2}$ yards d'étoffe pour 2 £ 14 sh. 3 d. : combien aura-t-on de yards pour 21 £ 11 sh. $1\frac{1}{2}$ d. ?

$$3\frac{1}{2} \text{ yd.} : x. \text{ yd.} :: 2 \text{ £ } 14 \text{ sh. } 3 \text{ d.} : 21 \text{ £ } 11 \text{ sh. } 1\frac{1}{2} \text{ d.}$$

En réduisant les livres sterling, etc., en deniers, et toutes les quantités en fractions, on a :

$$\frac{7}{2} \text{ yd.} : x \text{ yd.} :: \frac{651 \text{ d.}}{1} : \frac{10347 \text{ d.}}{2}$$

$$\frac{7}{2} \times \frac{10347}{2} = \frac{72429}{2} \times \frac{1}{651} = \frac{72429}{2604} \text{ ou } 27 \text{ yards, } 3 \text{ qr.}$$

1 nail. $\frac{1}{31}$

Règle de Trois composée (1).

20 hommes ont fait 280 toises d'ouvrage en 12 jours, combien 30 hommes feront-ils de toises d'ouvrage en 22 jours ?

Observant que 20 h. travaillant pendant 15 jours, feront le même ouvrage que (20 h. $\times$ 12) 240 h. travaillant pendant un jour, et que 30 h. travaillant pendant 22 jours, feront le même ouvrage que (30 h. $\times$ 22) 660 h. travaillant pendant un jour, la question sera ramenée à celle-ci :

240 h. ont fait 280 t. d'ouvrage, combien 660 h. feront-ils de toises d'ouvrage ?

$$280 \text{ t.} : x \text{ t.} :: 240 \text{ h.} : 660 \text{ h.}$$

$$660 \times 280 = 184800 \; | \; 240$$
$$168 \; | \; \overline{770} \text{ toises.}$$
$$000 \; |$$

---

(1) Bien que l'ancienne division de la règle de trois en directe et inverse soit inutile et qu'elle apporte des difficultés dans le calcul, nous employons cette division pour la règle de trois composée, lorsque la question renferme un grand nombre de termes.

Comme on le verra ci-après, nous avons assujetti les règles d'intérêt et d'escompte à une méthode nouvelle : il sera facile de se convaincre que ces changements abrègent le calcul et mettent la science à la portée de tous.

Ainsi, pour ramener une règle de trois composée à une règle de trois simple, il faut multiplier les causes par leur durée, les effets par leur étendue, etc.

15 ouvriers ont mis 11 heures pour faire 192 1/2 ou $\dfrac{385}{2}$ aunes d'étoffe : combien 2 ouvriers feront-ils d'aunes d'étoffe en 3 heures ?

$$\left.\begin{array}{l} 15 \times 11 = 165 \\ 2 \times 3 = 6 \end{array}\right\} \text{ pendant une heure.}$$

$$\dfrac{6}{1} : \dfrac{165}{1} :: \text{x aunes} : \dfrac{385}{2} \text{ aunes}$$

$$\dfrac{385}{2} \times \dfrac{6}{1} = \dfrac{2310}{2} \times \dfrac{1}{165} = \dfrac{2310}{330} \text{ ou}$$

$$2310 \mid \overline{\text{7 aunes.}}$$

$$7 \text{ aunes} = 8{,}31 \text{ mètres.}$$
$$7 \phantom{\text{ aunes}} = 9 \text{ yards.}$$

L'ancienne méthode pouvant paraître plus facile aux personnes qui ont étudié l'Arithmétique de Bezout, nous l'emploierons pour les questions qui renferment un grand nombre de termes.

9 hommes travaillant 8 heures par jour, ont mis 24 jours à creuser un fossé de 65 toises de longueur sur 13 de largeur et 5 de profondeur : combien faudra-t-il de jours à 71 hommes de la même force et qui travailleront 11 heures par jour, pour creuser, dans un terrain semblable, un fossé de 327 toises de longueur sur 18 t. de largeur et 7 de profondeur ?

On compare les quantités de la seconde supposition à celles de la première supposition. Les rapports qui vont *du plus au plus* ou *du moins au moins* sont directs ; ceux qui vont du *plus au moins* ou *du moins au plus*, sont inverses. On écrit à droite les nombres de la seconde supposition quand le rapport est direct, et on écrit ces nombres à gauche quand le rapport est inverse.

Dans l'exemple ci-dessus on dit : plus le nombre des hommes sera grand, moins ces hommes mettront de jours à creuser le fossé (inverse), on écrit. . . . . 71 : 9

Plus ces hommes travailleront d'heures par jour,
moins ils mettront de jours (inverse). . . . . 11 : 8

Plus le fossé sera long, plus ils mettront de jours
(direct) . . . .   65 : 327
Plus le fossé sera large, plus ils mettront de jours
(direct).. . . . .   13 : 18
Plus le fossé sera profond, plus ils mettront de
jours (direct).. . . . .   5 :   7

Après avoir multiplié les antécédents 71, 11, 65, 13, 5, les uns par les autres, ce qui donne 3299725, et avoir multiplié de même les conséquents 9, 8, 327, 18, 7, les uns par les autres, ce qui donne 2966544, on établit ainsi la proportion :

« Le produit des antécédents est au produit des conséquents, comme un antécédent est à son conséquent. » On a 3299725 :

$$2966544 :: 24 : x. = 21 \text{ jours et, environ, } \frac{1}{2}.$$

Le pied de Londres étant au *pied de roi* comme 15 est à 16 : combien 720 pieds de Londres font-ils de pieds de roi ?

Pour mesurer une longueur déterminée, il faudra moins de pieds de roi que de pieds de Londres, ainsi que l'indique le rapport donné ; on dira donc :

$$x \text{ pd. de roi} : 720 \text{ pd. de L.} :: 15 : 16$$

$$720 \times 15 = 10800 \quad | \quad 16$$
$$120 \qquad \overline{675} \text{ pd. de roi} = 720 \text{ pd. de Londres.}$$
$$80$$
$$00$$

Observez que le rapport 15 : 16 n'est pas exactement celui du pied anglais au pied de la colonie, et que, pour avoir la valeur des 720 pieds anglais en pieds de la colonie, il faut multiplier 720 par 0,938, ce qui donne 675,360 c. Voy. page 33. — Nous avons pris l'exemple ci-dessus dans l'arithmétique de Bezout.

———

Règle de Société.

La règle de société a pour objet de faire connaître le bénéfice ou la perte qui résulte de la société que des commerçants avaient formée.

On fait la somme des mises, et on établit autant de proportions qu'il y a d'associés. Ces proportions sont formées de cette manière :

« La somme des mises est au gain ou à la perte totale, comme chaque mise est à son gain ou à sa perte. »

La mise totale se nomme *capital*, et le gain qui résulte de la société *dividende*.

Trois personnes se sont associées pour deux ans; la première a mis 4000 p., la 2e 3000 p., et la 3e 2000 p. : combien chacune de ces personnes doit-elle avoir pour sa part du dividende, qui est de 3607 p. 29 c. ?

$$4000 \text{ p.}$$
$$3000$$
$$2000$$
$$\overline{}$$
$$9000 : 3607,29 \text{ c. } :: \quad 4000 \text{ p. } : x = 1603,24 \text{ c.}$$
$$3000 \quad : y = 1202,43$$
$$2000 \quad : z = 801,62$$
$$\text{Preuve.} \qquad \overline{3607,29 \text{ c.}}$$

— C'est pour que l'élève fasse lui-même les opérations, que nous nous bornons à les indiquer.

3 associés ont, à la dissolution de leur société, qui a duré 18 mois, une somme de 2348 p. à partager : le premier avait mis 248 p. et, au bout de 7 mois, il avait retiré 119 p.

Le 2e avait mis 335 p. et, au bout de 13 mois, il avait retiré 211 p.

Le 3e avait mis 283 p. et, au bout de 11 mois, il avait ajouté 189 p. à sa mise : quelle sera la part de chaque associé ?

$$1^{er} \left\{ \begin{array}{l} \phantom{248 \text{ p. } — 119 \text{ p. } = } 248 \times 7 \text{ m.} = 1736 \\ 248 \text{ p. } - 119 \text{ p. } = 129 \times 11 \phantom{\text{ m.}} = 1419 \end{array} \right.$$
$$\text{Somme.} \qquad 3155$$

$$2^e \left\{ \begin{array}{l} \phantom{335 \text{ p. } — 211 = } 335 \times 13 = 4355 \\ 335 \text{ p. } - 211 = 124 \times 5 = 620 \end{array} \right.$$
$$\text{Somme.} \qquad 4975$$

$$3^e \left\{ \begin{array}{l} \phantom{283 \text{ p. } + 189 = } 283 \times 11 = 3113 \\ 283 \text{ p. } + 189 = 472 \times 7 = 3304 \end{array} \right.$$
$$\text{Somme.} \qquad 6417$$

Après avoir ainsi ramené toutes les mises à un même temps, on opère comme dans l'exemple précédent et l'on a :

$$
\begin{array}{l}
3155 \\
4975 \\
6417 \\
\hline
14547
\end{array} : 2348 ::
\left|
\begin{array}{l}
3155 : x = 509,24\ c.\ \dfrac{2572}{2348} \\[2ex]
4975 : y = 803,00\ \dfrac{5000}{2348} \\[2ex]
6417 : z = 1035,75\ \dfrac{6075}{2348}
\end{array}
\right.
$$

Preuve. . 2348,00 c.

Unités françaises. — Un homme qui devait 3000 fr. à une personne, 2625 fr. à une autre, et 1875 fr. à une autre, étant mort, ses créanciers veulent se partager sa succession, qui, réalisée en argent, est de 4500 fr. : combien chaque créancier doit-il avoir de cette somme à proportion de sa créance?

$$
\begin{array}{l}
3000 \\
2625 \\
1875 \\
\hline
7500
\end{array} : 4500 ::
\left|
\begin{array}{l}
3000 : x = 1800\ \text{fr.} \\
2625 : y = 1575 \\
1875 : z = 1125
\end{array}
\right.
$$

Preuve. . . 4500

Unités anglaises. — 3 commerçants ont mis en société, le premier, 250 £, le deuxième, 125 £, et le troisième, 100 £. A la dissolution de la société, leur dividende se trouve être de 420 £ 10 sh. : quelle sera la part de chaque associé ?

$$
\begin{array}{l}
250\ £ \\
125 \\
100 \\
\hline
475
\end{array}\ £ : 420\ £\ 10\ \text{sh.} ::
\left|
\begin{array}{llll}
250 : x = 221\ £ & 6\ \text{sh.} & 3\ \text{d.} & 375 \\
125 : y = 110 & 13 & 1 & 425 \\
100 : z = 88 & 10 & 6 & 150
\end{array}
\right.
$$

Preuve. . . 420 £ 10 sh. 0 d.

Règle de Fausse Position.

La *règle de fausse position* sert à trouver un nombre inconnu par le moyen d'un ou de deux nombres supposés.

La règle de fausse position se divise en règle de fausse position simple, et en règle de double fausse position.

La règle de fausse position simple est ordinairement résolue par la proportion suivante ; c'est un des cas de la règle de société :

« La somme des parts supposées est au nombre à partager, comme chacune des parts supposées est à x, y, z. »

3 commerçants se trouvent avoir, à la dissolution de la société qu'ils avaient formée, un dividende de 6580 p. Les deux premiers n'ayant apporté que leur industrie dans la société, les associés étaient convenus entre eux que le deuxième aurait trois fois autant que le premier, et que le troisième aurait autant que les deux autres ensemble : quelle sera la part de chaque associé ?

Si le 1er a. . . . . 1 p.
Le   2me aura. . 3
Et le 3me. 4
______

$$8 : 6580 :: \quad \begin{array}{l} 1 : x = 822 \text{ p. } 50 \text{ c.} \\ 3 : y = 2467 50 \\ 4 : z = 3290 00 \end{array}$$
______

Preuve . . . 6580 p. 00 c.

Pour partager le dividende 4200 p. par exemple, entre trois personnes, de manière que la 1re en ait le $\frac{1}{2}$, la 2me le $\frac{1}{3}$, et la 3me le $\frac{1}{4}$.

On abrége l'opération en cherchant le plus petit nombre dont le $\frac{1}{2}$, le $\frac{1}{3}$ et le $\frac{1}{4}$ n'ont pas de fractions : ayant trouvé que ce nombre est 12, on dit :

Si la 1re a . . . . . 6 p.
La 2me aura 4
Et la 3me 3

$$\overline{13} : 4200 :: \left| \begin{array}{l} 6 : x = 1938\ 46\ c.\quad \underline{2} \\ 4 : y = 1292\ 30\quad \underline{1\ 0} \\ 3 : z = 969\ 23\quad \underline{1} \end{array} \right.$$

Preuve $\overline{4200,00\ c.}$

Règle de Double Fausse Position.

Lorsque le premier nombre qu'on assujettit aux conditions énoncées dans la question, ne remplit pas ces conditions, c'est une règle de *double fausse position*, parce que, dans ce dernier cas, après avoir retranché le résultat du dividende ou nombre donné, on suppose un second nombre, qu'on assujettit également aux conditions énoncées ; et, s'il ne remplit pas ces conditions, on retranche de même le résultat du nombre donné ; on multiplie la différence du dernier résultat comparé avec le nombre donné, par le premier nombre supposé : on multiplie aussi la différence du premier résultat comparé avec le nombre donné, par le dernier nombre supposé ; on retranche le plus petit de ces produits de l'autre, et on divise la différence par la différence des erreurs, et le quotient est le plus petit nombre qui remplit les conditions énoncées.

Si l'un des résultats est plus grand et l'autre plus petit que le nombre donné, on marque la différence du plus petit comparé au nombre donné du signe — et la différence du plus grand avec le nombre donné du signe +, et, au lieu de diviser la différence des produits par la différence des erreurs, on divise la somme des produits par la somme des erreurs.

Un joueur demande à un autre combien de piastres il a gagnées ; et celui-ci répond : si j'avais encore gagné le $\frac{1}{2}$, le $\frac{1}{4}$ et les $\frac{2}{3}$ avec 5 p. de plus, j'en aurais gagné 150.

Si l'on suppose 12, on aura $12 + 6 + 3 + 5 + 8 = 34$. $150 - 34 = 116$.

On suppose un autre nombre, 24, par exemple, et, opérant de la même manière, on a 63. $150 - 63 = 87$. $87 \times 12 = 1044$. $116 \times 24 = 2784$.

$2784 - 1044 = 1740$. $\dfrac{1740}{29} = 60$, nombre qui remplit les conditions énoncées dans la question. (29 est la diff. des erreurs.)

Un chasseur promet à une personne 10 p. pour chaque coup de fusil qu'il fera sans abattre le gibier ; et cette personne s'engage à lui donner 8 p. pour chaque pièce qu'il abattra : après 12 coups de fusil, cette personne se trouve lui devoir 24 p. : combien le chasseur a-t-il manqué de coups? Réponse 4 coups. Que l'élève fasse lui-même l'opération.

Règle d'Intérêt.

La règle d'intérêt fait connaître la somme due pour la jouissance d'une autre somme pendant un temps donné.

On appelle la somme prêtée *capital* ou *principal;* et on appelle *intérêt, rente ou arrérages* ce que produit le capital placé à tant pour cent par mois ou par an. Placer une somme à 12 piastres pour cent par an, signifie que cent piastres rapporteront 12 p. par an.

On trouve l'intérêt d'une somme quelconque, pour un an, en calculant le quatrième terme de la proportion suivante :

« Si 100 p. donnent *tant* d'intérêt, combien donnera la somme placée? »

Si la somme n'a pas été placée pour une année entière, on fait une seconde proportion pour trouver l'intérêt; on dit :

« Si 365 jours donnent *tant*, combien donnera le nombre des jours pour lesquels on veut avoir l'intérêt? »

On place aussi son argent à un denier quelconque : placer son argent au denier 20, par exemple, signifie que l'intérêt sera d'autant de piastres par an, que le nombre 20 sera contenu dans la somme placée. Pour savoir combien donnera une somme quelconque placée pendant un an au denier 20, par exemple, on dira:

« Si 20 p. donnent 1 p., combien donnera la somme placée? »

Le second terme étant l'unité, on divisera le capital par *le denier tant.*

Pour ramener une règle d'intérêt au denier tant, divisez 100 par le taux de l'intérêt. Si, par exemple, l'intérêt est à 5 p. 0/0 divisez 100 par 5, et le quotient 20 sera le denier tant ; ainsi, l'intérêt, au lieu d'être à 5 p. 0/0, sera au denier 20.

Pour abréger l'opération, quand l'intérêt est à tant pour 0/0 par an, multipliez le capital par le nombre des jours ; et, si l'intérêt est de 12 p. 0/0, divisez le produit par 3 et le quotient de cette division par 1000. On effectue la dernière division en séparant trois chiffres sur la droite ; et, comme on ne veut avoir que deux décimales (des centièmes), on supprime le dernier chiffre.

Si l'intérêt est de 6 p. 0/0, après avoir multiplié le capital par le nombre des jours, divisez le produit par 6 au lieu de le diviser par 3.

Si l'intérêt est de 9 p. 0/0, divisez le produit par 4 (1).

Et, quel que soit le taux de l'intérêt (7 p. 8 p. 9 p. etc.), après avoir multiplié le capital par le nombre des jours, multipliez le résultat par le taux de l'intérêt ; séparez trois chiffres sur la droite du produit ; supprimez le dernier de ces chiffres et prenez le $\frac{1}{6}$ du $\frac{1}{6}$ du dernier résultat.

Observez que si le capital renfermait des décimales, ou si le taux de l'intérêt était de 8 p. 50 c., 9 p. 25 c., etc., il faudrait séparer cinq chiffres au lieu de trois, et supprimer les trois derniers.

En suivant la première méthode il faut compter les mois pour le nombre de jours qu'ils sont comptés dans l'almanach, parce que si l'on faisait tous les mois de trente jours, on ne donnerait à l'année que 360 jours au lieu de 365. De même, si l'on prenait le $\frac{1}{2}$ de l'intérêt d'une année pour avoir l'intérêt de 6 mois, ou si, pour avoir l'intérêt de 18 mois, on ajoutait à l'intérêt d'une année le $\frac{1}{2}$ de ce même intérêt, on ferait une erreur de 3 jours

(1) Voyez les nouvelles tables.

pour les années communes. Enfin, le résultat que donne la proportion dont le premier terme est 365 n'offre une exactitude rigoureuse que lorsqu'on cherche l'intérêt de 11 à 13 mois, environ.

Mais, en suivant la dernière méthode, on suppose l'année de 360 jours et, en France, où la première méthode est suivie, on ne tient pas toujours compte des erreurs que nous avons signalées.

Quel sera l'intérêt de 450 p. pour un an, à raison de 12 p. 0/0 par an ?

$$100 : 12 : : 450 : x = 54 \text{ p.}$$
$$450 \times 12 = 5400.$$
$$\frac{5400}{100} = 54 \text{ p.}$$

$$450 \text{ p.} \times 360 \text{ j.} = 162000$$
$$12$$
$$000 \quad | \quad 54,000$$

3.
————c.

B. 1

En multipliant 450 par 365 on trouve 164250, et le quotient de ce nombre divisé par 3 est 54,75 c. résultat que donne également cette proportion $360 : 54 : : 365 : x$.

Quel sera l'intérêt de 400 piastres placées pendant 350 jours à 9 p. 0/0 par an ?

$$100 : 9 : : 400 : x = 36 \text{ p.}$$
$$400 \times 9 = 3600.$$
$$\frac{3600}{100} = 36.$$
$$365 : 36 : : 350 : x = 34,52 \text{ c.}$$
$$350 \times 36 = 12600.$$
$$\frac{12600}{365} = 34,52.$$

$$400 \text{ p.} \times 350 \text{ j.} = 140000$$
$$20$$
$$000 \quad | \quad 35,000$$

4
————c.

B. 1

En comptant l'année de 360 j. on a

$$360 : 36 : : 350 : x = 35 \text{ p.}$$

Quel sera l'intérêt de 420 p. pour 180 jours, à raison de 7 p. 0/0 par an ?

$$100 : 7 : : 420 : x - 29,40.$$

$$29,40 \quad \Big|\quad \frac{2}{\ }$$
$$14,70 \text{ c.}$$

180 j. étant le $\frac{1}{2}$ de 360 j. on a pris le $\frac{1}{2}$ de l'intérêt d'un an.

$$420 \times 180 = 75600.$$
$$75600 \times 7 = 529,200$$
$$49$$
$$12$$
$$00$$

6
————c.

88,20

$$88,20 \quad \Big|\quad \frac{6}{14,70 \text{ c.}}$$
$$28$$
$$42$$
$$00$$

Quel sera l'intérêt de 420 p. pour 90 jours, à raison de 9,50 c. p. 0/0 par an ? ·

100 : 9,50 c. : : 420 : x = 39,90 c.

39,90 c.	4
39	
30	9,97 c. 1 sou.
2	

$$420 \text{ p.} \times 90 \text{ j.} = 37800$$
$$37800 \times 9,50 =$$

| 359,10000 | |
| 6   B. 3 | 59,85. |

90 j. étant le $\frac{1}{4}$ de 360 on a pris le $\frac{1}{4}$ de l'intérêt d'un an.

$$\frac{59,85}{6} = 9,97 \text{ c. 1 sou.}$$

On distingue 4 cas dans la règle d'intérêt : 1° comme dans les exemples précédents, on cherche l'intérêt.

2° Quel est le capital qui a donné l'intérêt.

3° A combien pr. 0/0 le capital a été placé.

4° La durée du prêt.

On a pris 54 p. d'intérêt d'un capital placé à 12 p. 0/0 par an, pendant un an : quel était ce capital ?

$$12 : 100 : : 54 : x. = 450 \text{ p.}$$

Mais le capital n'est pas toujours placé pour une année exactement.

On a pris 12 p. d'intérêt d'un capital placé pendant 180 jours à 12 p. 0/0 : quel était ce capital ?

180 j. : 12 p. : : 360 j. : x. = 24 p. intérêt d'un an.

12 p. 0/0 : 100 : : 24. x. = 200, capital.

Ainsi, il faut calculer le 4me terme de chacune de ces proportions :

1° « Le nombre des jours qu'a duré le prêt est à l'intérêt reçu, comme 360 : x. »

2° « Le taux de l'intérêt est à 100 comme l'intérêt d'un an est à x. »

Pour trouver le taux de l'intérêt, il faut calculer le 4me terme de chacune des proportions suivantes :

1° « La durée du prêt est à l'intérêt reçu, comme 360 est à x. »

2° « Le capital est à l'intérêt d'un an, comme 100 est à x. »

On a pris 12 p. d'intérêt d'un capital de 200 p. placé pendant 180 jours : à combien pour cent par an l'intérêt a-t-il été compté ?

180 j. : 12 int. reçu : : 360 : x = 24 intérêt d'un an.

200 cap. : 24 : : 100 : x = 12 taux de l'intérêt.

Pour trouver la durée du prêt, il faut calculer le 4me terme de chacune des proportions suivantes :

1° « Si 100 p. donnent 7 p., 9 p., 10 p., 50 c., etc., combien donnera le capital ? »

2° « L'intérêt d'un an est à 360 comme l'intérêt reçu est à x. »

On a pris 12 p. d'intérêt d'un capital de 200 p. placé à 12 p. 0/0: quel est le temps qui a donné cet intérêt?

100 : 12 taux : : 200 : x = 24 intérêt d'un an.

24 : 360 : : 12 int. reçu : x = 180 jours.

Unités françaises.—Quelle sera la rente annuelle d'un homme qui place une somme de 13815 francs au denier 25?

$$25 : 1 :: 13815 : x = 552 \text{ fr. } 6 \text{ décimes.}$$

$$\frac{13815}{25} = 552 \text{ fr. } 6 \text{ décimes.}$$

Quel capital faut-il placer à 4 fr. pr. 0/0 pour se faire une rente annuelle de 552 fr. 6 décimes?

$$4 : 100 :: 552 \text{ fr. } 6 \text{ d. } : x = 13815 \text{ fr.}$$

$$5526 \times 100 = \frac{552600}{40} \times 13815 \text{ fr.}$$

On ajoute un zéro au diviseur (4), parce que le dividende a une décimale.

Combien recevra-t-on d'intérêt au bout de 18 mois, si l'on place 4620 fr. au denier 25 ? Réponse 277 fr. 2 déc.

Que l'élève fasse lui-même l'opération.

Unités anglaises. — Quel sera l'intérêt de 254 £ 17 sh. 6 d. pour un an, à 4 £ pr. 0/0 par an?

$$100 : 4 :: 254 \text{ £ } 17 \text{ sh. } 6 \text{ d. } : x = 10 \text{ £ } 3 \text{ sh. } 10 \text{ d. } \frac{4}{5}.$$

$$254 \text{ £ } 17 \text{ sh. } 6 \text{ d. } \times 4 = 1019 \text{ £ } 10 \text{ sh.}$$

$$\frac{1019 \text{ £ } 10 \text{ sh.}}{100} = 10 \text{ £ } 3 \text{ sh. } 10 \text{ d. } \frac{4}{5}.$$

Quel sera l'intérêt composé d'une somme de 500 £ placée à 5 £ pr. 0/0 par an, dont l'intérêt des trois dernières années n'a pas été payé?

On demande l'intérêt simple d'une année + l'intérêt du capi-

tal augmenté de l'intérêt simple d'une année $+$ l'intérêt du capital augmenté de l'intérêt composé de deux années.

        100 : 5 :: 500 £   : x =   25 £ 0 sh. 0 d.
        100 : 5 :: 525   : x =   26   5   0
        100 : 5 :: 551 £ 5 sh. : x =   27 11   3
                                             ____
                                             78 £ 16 sh. 3 d.

L'intérêt composé se calcule ordinairement par une progression géométrique dont le premier terme est égal au produit du
capital par l'unité augmentée de l'intérêt d'un franc, d'une piastre ou d'une livre sterling, et dont la raison est l'unité augmentée de l'intérêt d'un franc, d'une piastre ou d'une livre, selon les
unités que l'on a pour objet. Voyez, ci-après, la progression
géométrique.

Règle d'Escompte.

Escompter une valeur, c'est déduire d'une valeur, dont on fait
le payement avant l'échéance, l'intérêt pour le temps qu'elle devait rester en portefeuille ou dans le commerce.

Observez que, si un billet avait été fait pour 270 jours, et qu'on
voulût le payer 180 jours avant l'échéance, on ne retrancherait
que l'intérêt de 180 jours du montant de ce billet; que, si on le
payait 90 jours avant l'échéance, on ne retrancherait que l'inté-
ret de 90 jours, etc.

Combien doit-on donner pour escompter un billet de 450 p.
que l'on paye 220 jours avant son échéance, l'intérêt étant de
6 pr. 0/0 par an?

        450   450,00 c.
        220   —   16,50 c.
        ____   __________
         90   433,50 c.
         90
        ______
        99000 | 6
          39 | 16,500
          30 | B. 1
           000

Lorsqu'on renouvelle un billet sans en payer l'escompte, pour former le montant du nouveau billet, il faut

1° Chercher l'intérêt de 100 p. pour le nombre des jours qui se sont écoulés depuis l'échéance du billet ;

2° Retrancher 100 du résultat ;

3° Etablir la proportion suivante :

« Le reste obtenu par la dernière opération est à 100 comme le montant du billet échu est à x. »

Quel sera le montant d'un billet de 482 p. lequel est échu du 20 mars, et qu'on renouvelle le 6 juillet de la même année, l'intérêt étant de 12 pr. 0/0 par an, ou de 1 p. pr. 0/0 par mois?

$$\begin{array}{llll}
\text{Du 20 M. au 1}^{\text{er}}\text{ A.} & 11\text{ j.} & 108\text{ j.} \times 100 = 10800 & | \quad 3 \\
\text{Avril.} & 30 & \qquad\qquad\qquad 18 & |\text{————}c \\
\text{Mai.} & 31 & \qquad\qquad\qquad\ 0 & | \quad 3,600 \\
\text{Juin.} & 30 & & | \quad \text{B. 1} \\
\text{Juillet} & 6 & &
\end{array}$$

$$\overline{108\text{ j.}} \qquad\qquad\qquad 100,00 \text{ c.}$$
$$\qquad\qquad\qquad\qquad\qquad -3,60$$
$$\qquad\qquad\qquad\qquad\overline{96,40 \text{ c.}}$$

$$96,40 : 100 :: 482 : x = 500 \text{ p.}$$

La *commission* et le *change* tiennent de la règle d'intérêt et de la règle d'escompte. Ce sont des intérêts de 2, 5, 6, etc. pr. 0/0, accordés pour des achats ou ventes ; pour faire compter de l'argent d'un pays à un autre, etc.

On demande combien on doit donner à un négociant de Maurice, pour une lettre de change de 800 p. qui sera payée à Paris, le change étant de 5 pr. 0/0?

$$100 : 5 :: 800 : x = 40 \text{ p.}$$

$$\begin{array}{ll}
\text{Capital.} & 800 \text{ p.} \\
\text{Change.} & \underline{40} \\
\text{Somme à payer.} & 840 \text{ p.}
\end{array}$$

Unités françaises. — Si, pour une lettre de change de 5680 fr., on retient 369 fr. 20 c. combien retient-on pr. 0/0?

$$5680 : 369,20 :: 100 : x = 6 \text{ fr. } 50 \text{ c.}$$

Unités anglaises. — Combien doit-on donner pour escompter

un billet de 254 £ 17 sh. 6 d., que l'on paye un an avant son échéance; l'intérêt étant de 4 pr. 0/0 par an?

$$254 \text{ £ } 17 \text{ sh. } 6 \text{ d.}$$

$$-10 \quad 3 \quad 10\frac{4}{5} \text{ Intérêt d'un an.}$$

$$244 \text{ £ } 13 \text{ sh. } 7 \text{ d. } \frac{1}{5}.$$

Règle d'Alliage.

La *règle d'alliage* fait connaître le prix moyen d'un mélange quelconque, formé de choses dont on connaît le prix. Elle fait aussi connaître dans quelle proportion il faut prendre de chacune des choses qui composent le mélange, lorsque les prix particuliers et les prix moyens sont connus.

Ainsi, deux cas dans la règle d'alliage.

Premier cas.

On multiplie le prix de chaque chose par la quantité de cette chose; on fait la somme des produits; on divise le résultat par la somme des choses, et le quotient est le prix moyen.

On a mêlé 8 liv. de café à 48 sous; 12 liv. à 40 sous, et 36 liv. à 20 sous : à combien revient la livre du mélange?

8 liv. × 48 sous = 384 sous.

12	× 40	= 480	1584 sous.	56 sous.	
36	× 20	= 720	464	28	2
			16	08	
56		1584 sous.		0	14 centièmes.

On emploie 40 ouvriers, dont 12 sont payés 0,30 c. par jour; 20 sont payés 0,36 c. et 8 sont payés 0,50 c. : à combien chaque ouvrier revient-il par jour?

Réponse à 37 c. — Que l'élève fasse lui-même l'opération.

Second cas.

Après avoir disposé l'opération comme ci-dessous, on compare chaque prix avec le prix moyen, en prenant l'un après l'autre deux prix, l'un supérieur et l'autre inférieur au prix moyen, ou réciproquement; et on écrit, vis-à-vis le plus petit, la différence du plus grand avec le prix moyen ; et vis-à-vis le plus grand, la différence du plus petit avec le prix moyen.

S'il n'y avait qu'un prix supérieur au prix moyen, et plusieurs prix inférieurs, on prendrait, pour le comparer avec le prix moyen, autant de fois ce prix supérieur qu'il y aurait de prix inférieurs au prix moyen, et réciproquement, s'il n'y avait qu'un prix inférieur au prix moyen, et plusieurs prix supérieurs.

Un marchand a du vin qu'il vend 15 p. la barrique ; il en a qu'il vend 18 p. et il en a qu'il vend 20 p. : quelle est la quantité de barriques qu'il doit prendre de chacun de ces vins, pour qu'il vende la barrique de mélange 16 p. ?

$$16 \begin{cases} 15 \text{ p.} \ldots & 2 + 4 = 6 \\ 18 \ldots & 1 \\ 20 \ldots & 1 \end{cases}$$

Réponse : 6 barriques du vin à 15 p. ; 1 barrique du vin à 18 p. et une barrique du vin à 20 p.

Unités françaises. — Pour faire 225 kilog. de cassonade à 3 fr. 25 c. le kilog. avec de la cassonade à 3 fr. 90 c., de la cassonade à 3 fr. 67 c. et de la cassonade à 2 fr. 76 c.

$$3 \text{ fr. } 25 \text{ c.} \begin{cases} 3,90. \ldots \ldots \ldots & 0,49 \\ 3,67. \ldots \ldots \ldots & 0,49 \\ 2,76 \quad 0,65 + 0,42 = & \underline{1,07} \\ & 2,05 \end{cases}$$

Après avoir fait la somme des différences, on dira :

« La somme des différences est à la quantité du mélange que l'on veut faire, comme chaque différence est à la quantité qu'il faut en prendre. » Et on aura :

$$2,05 : 225 :: \begin{cases} 0,49 : x = & 53 \text{ k. } 78^c, \text{ de la cas. à } 3,90 \text{ c.} \\ 0,49 : y = & 53 \quad 78 \quad \text{de la cas. à } 3,67 \\ 1,07 : z = & \underline{117 \quad 44} \quad \text{de la cas. à } 2,76 \\ & 225 \text{ k. } 00^e. \end{cases}$$

Unités anglaises. — Un marchand qui a du sucre de 4 qualités différentes, savoir : à 12 d., à 10 d., à 6 d. et à 4 d. la livre ou *pound*, désire savoir quelle quantité de chacune de ces qualités il doit prendre pour composer un mélange qui lui revienne à 8 d. la liv.

$$8 \text{ d.} \left\{ \begin{array}{ll} 12 \text{ d.} & 2 \text{ liv.} \\ 10 & 4 \\ 6 & 4 \\ 4 & 2 \end{array} \right.$$

Eléments de la Progression Géométrique.

La progression géométrique est formée d'une suite de termes. Chacun de ces termes contient celui qui le précède un même nombre de fois. Ce nombre de fois est *la raison* de la progression.

$$\div 3 : 6 : 12 : 24 : 48 : 96 : 192$$

est une progression géométrique dont la raison est 2.

Les quatre points séparés par une raie, marquent qu'en énonçant la progression on doit répéter chaque terme, le premier et le dernier exceptés; ainsi, dans l'exemple ci-dessus, on dit : 3 est à 6 comme 6 est à 12, etc.

On appelle *progression croissante*, celle dont chaque terme est formé de son antécédent multiplié par la raison.

On appelle *progression décroissante*, celle dont chaque terme est contenu dans son antécédent autant de fois que la raison renferme d'unités.

Il suit de la formation de la progression géométrique croissante, que l'un des termes, quel qu'il soit, est composé du premier multiplié par la raison élevée à une puissance marquée par le nombre des termes qui précèdent ce terme.

Si le premier terme est l'unité, chacun des autres termes sera formé de la raison même élevée à une puissance marquée par le nombre des termes qui précèdent celui-ci, parce que la multiplication par le premier terme (l'unité) n'ajoute rien au produit.

Pour élever un nombre à une puissance proposée; à la septième, par exemple, il faut multiplier ce nombre par lui-même six fois consécutives; et si ce nombre était 2 on aurait 128.

Pour calculer un terme quelconque d'une progression dont on connaît la raison, il faut opérer comme dans l'exemple suivant.

Si l'on demande quel sera le 12e terme de la progression $\div$ 3 :

6 : 12 : 24 : , etc. il faudra multiplier le premier terme (3) par la 11ᵉ puissance de la racine (2), c'est-à-dire, qu'après avoir multiplié le chiffre 2 onze fois par lui-même, y compris le premier résultat (2), ce qui donnera 2048, il faudra multiplier 2048 par le premier terme (3) et on aura 6144 pour le 12ᵉ terme de la progression.

Pour insérer tant de moyens géométriques qu'on voudra entre deux termes d'une progression dont on connaît la raison, on formera la progression. Et, si l'on ne connaît pas la raison, on divisera le plus grand des deux termes ou nombres donnés, par le plus petit, et on extraira du quotient la racine du degré marqué par le nombre des moyens augmenté de l'unité, et le résultat sera la raison de la progression.

Ainsi, pour insérer 4 moyens géométriques entre 3 et 96 on dira : $\dfrac{96}{3} = 32$ dont la racine cinquième est 2. On aura donc la progression suivante :

$$\div\ 3 : 6 : 12 : 24 : 48 : 96$$

Pour s'assurer si 2 est réellement la racine de 32 il faut multiplier 2 quatre fois consécutives par lui-même, parce qu'on demande la racine cinquième. Si l'on demandait simplement la racine cubique ou la racine troisième, on ne multiplierait que deux fois par lui-même le nombre trouvé ; ainsi, la racine 3ᵉ de 27 est 3. — Voyez ce que nous avons dit des cubes.

Si l'on veut insérer quatre moyens géométriques entre 6 et 48 on dira : $\dfrac{48}{6} = 8$. La racine cinquième de 8 n'étant pas un *nombre entier exact*, on ne peut assigner exactement par des nombres entiers quatre moyens géométriques entre 6 et 48, mais il suffit, pour calculer les unités pour lesquelles on emploie les progressions, d'approcher de la racine quand elle n'est pas exacte, et il est facile de trouver un nombre fractionnaire qui, multiplié 4 fois consécutives par lui-même, approche de plus en plus de 8.

Combien doit-on recevoir, intérêts composés et capital, pour une somme de 2500 p. placée pendant 3 ans, à 5 p. 0/0 par an ?

Si je représente par A le capital 2500 p. ; par R la raison de la progression, qui est ici $\dfrac{5}{100}$ ou $\dfrac{1}{20}$ ou 0,05; et par N le temps, qui est ici 3 ans, l'intérêt *composé* de trois ans sera

$$\overset{\text{N}}{\text{A}}\ (1 + \text{R}) = \overset{3}{\text{A}} = 2500 \times (1,05) - 2500.$$

OPÉRATION.

$$1,05 \times \ \ 1,05 \ = 1,1025.$$
$$1,1025 \times \ \ 1,05 \ = 1,157625.$$
$$2500 \ \ \times 1,157625 = 2894,06 \text{ c. } 2500.$$

B. 4.

2894,06 — 2500,00 c. $= 394,06^{\text{c}}$ intérêts composés de trois ans (1).

Le capital ayant été placé pendant 3 ans, à 5 p. 0/0 la raison est 0,05, j'ai élevé 1,05 à la 3e puissance, et j'ai eu 1,157625. J'ai multiplié ce résultat par le capital 2500 et j'ai eu 2894, 062500es pour *intérêts composés* et capital. Les unités coloniales ne renfermant que deux chiffres décimaux, j'ai supprimé les quatre derniers chiffres de ce dernier résultat.

Observez que si l'on eût demandé l'intérêt simple joint au capital, on eût, pour trouver l'intérêt, calculé le 4e terme de la proportion suivante :

$$20 : 2500 : : 3 : x = 375.$$

2500 + 375 = 2875 intérêt simple de 3 ans, joint au capital.

1° Observez que le denier 20 = 5 p. 0/0.

2° Observez qu'on eût aussi trouvé les intérêts composés en cherchant, successivement, l'intérêt de chaque année ; et, dans les deux dernières proportions, en joignant l'intérêt de l'année précédente au capital.

$$100 \ : \ 5 \ : \ : \ 2500 \ : x \ = \ 125.$$
$$100 \ : \ 5 \ : \ : \ 2625 \ : \qquad 131,25 \text{ c.}$$
$$100 \ : \ 5 \ : \ : \ 2756,25 \ : \qquad 137,81$$

Intérêts *composés* de 3 ans. . . . 394,06 c.

Mais, comme on n'a pas toujours à calculer l'intérêt pour 2, 3,

---

(1) On eût abrégé l'opération, en prenant les produits dans les tables de logarithmes. — Voyez Bezout ou Reynaud.

4, etc. années exactement, dans ce cas l'on ajoute également l'intérêt de l'année précédente au capital, et où l'on multiplie ce capital par 360 pour chaque année entière ; par 180 pour 6 mois ; par 90 pour 3 mois ; et par 30 pour un mois.

« Multipliez le capital par 360 ; multipliez le résultat par le » taux de l'intérêt, et, après avoir séparé trois décimales sur la » droite du produit, prenez le $\frac{1}{6}$ du $\frac{1}{6}$ de ce produit.

» Ajoutez le résultat, qui est l'intérêt de la première année, » au capital ; et, si le capital a été placé pendant $360 + 180$ jours, » multipliez la somme par 180. Multipliez le résultat par le taux » de l'intérêt, et après avoir séparé trois décimales, prenez le » $\frac{1}{6}$ du $\frac{1}{6}$ du produit. Enfin, ajoutez l'intérêt de chacune des an- » nées précédentes au dernier résultat. »

D'après ce qui a été dit dans cet ouvrage, il est facile à concevoir que la multiplication d'un capital, quel qu'il soit, par l'intérêt d'un franc, d'une piastre ou d'une livre sterling, pour un temps déterminé, donnera l'intérêt demandé.

NOUVELLES TABLES

POUR CALCULER L'INTÉRÊT SIMPLE OU D'ESCOMPTE, ETC.

Intérêt simple ou d'Escompte.

On multiplie le capital par le nombre abstrait. — Si le capital renferme des centièmes, on sépare deux décimales de plus. Pour réduire
des schelings en centièmes de la livre, on multiplie les schelings par
5. — Lorsque le troisième chiffre après les entiers est 5 ou plus fort
que 5, il vaut 1 sou. Dans le calcul des unités anglaises, il vaut 1
penny ou 4 sous.

A 1 1/2 POUR CENT PAR AN.

Pour 365 jours	× 1520	Séparez 5 décimales
360	150	4
180	75	4
90	375	5
31	129	5
30	125	5
28	117	5

A 2 0/0

Pour 365 jours	× 20277	Séparez 6 décimales
360	2	2
180	10	3
90	5	3
31	1722	6
30	1667	6
28	1535	6

A 2 1/2 0/0

Pour 365 jours	× 25347	Séparez 6 décimales
360	250	4
180	125	4
90	625	5
31	2153	6
30	20834	7
28	197	5

A 3 0/0

Pour 365 jours	× 30417	Séparez 6 décimales
360	3	2
180	15	3
90	75	4
31	25834	7
30	25	4
28	2334	6

A 3 1/2 0/0

Pour 365 jours	× 355	Séparez 4 décimales
360	350	4
180	175	4
90	875	5
31	301	5
30	2914	6
28	272	5

A 4 0/0

Pour 365 jours	× 40555	Séparez 6 décimales
360	4	2
180	2	2
90	10	3
31	3445	6
30	3334	6
28	3112	6

A 4 1/2 0/0

Pour 365 jours	× 456	Séparez 4 décimales
360	450	4
180	225	4
90	1125	5
31	3875	6
30	375	5
28	35	4

A 5 0/0

Pour 365 jours	× 50695	Séparez 6 décimales
360	5	2
180	25	3
90	125	4
31	43056	7
30	41667	7
28	3889	6

A 5 1/2 0/0

Pour 365 jours	× 5576	Séparez 5 décimales
360	550	4
180	275	4
90	1375	5
31	4736	6
30	45834	7
28	4278	6

A 6 0/0

Pour 365 jours	× 60833	Séparez 6 décimales
360	6	2
180	3	2
90	15	3
31	516667	8
30	5	3
28	46667	7

A 6 1/2 0/0

Pour 365 jours	× 659	Séparez 4 décimales
360	650	4
180	325	4
90	1625	5
31	5597	6
30	5417	6
28	5055	6

A 7 0/0

Pour 365 jours	× 70972	Séparez 6 décimales
360	7	2
180	35	3
90	175	4
31	602778	8
30	583334	8
28	54445	7

A 7 1/2 0/0

Pour 365 jours	× 7604	Séparez 5 décimales
360	750	4
180	375	4
90	1875	5
31	6458	6
30	625	5
28	5833	6

A 8 0/0

Pour 365 jours	× 81111	Séparez 6 décimales
360	8	2
180	4	2
90	2	2
31	68889	7
30	6667	6
28	6223	6

A 8 1/2 0/0

Pour 365 jours	× 861	Séparez 4 décimales
360	850	4
180	425	4
90	2125	5
31	7319	6
30	7083	6
28	6613	6

A 9 0/0

Pour 365 jours	× 9125	Séparez 5 décimales
360	9	2
180	45	3
90	225	4
31	775	5
30	75	4
28	7	3

A 9 1/2 0/0

Pour 365 jours	× 963	Séparez 4 décimales
360	950	4
180	475	4
90	2375	5
31	818	5
30	7917	6
28	739	5

A 10 0/0

Pour 365 jours	× 1014	Séparez 4 décimales
360	10	2
180	5	2
90	250	4
31	86112	7
30	8334	6
28	7778	6

A 10 1/2 0/0

Pour 365 jours	× 1064	Séparez 4 décimales
360	1050	4
180	525	4
90	2625	5
31	904	5
30	875	5
28	81667	7

A 11 0/0

Pour 365 jours	× 111527	Séparez 6 décimales
360	11	2
180	550	4
90	275	4
31	94723	7
30	9166	6
28	8555	6

A 11 1/2 0/0

Pour 365 jours	× 1166	Séparez 4 décimales
360	1150	4
180	575	4
90	2875	5
31	9904	6
30	9586	6
28	8945	6

A 12 0/0

Pour 365 jours	× 1216667	Séparez 7 décimales
360	12	2
180	6	2
90	3	2
31	103334	7
30	10	3
28	93334	7

CONVERSION DE YARDS EN AUNES.			CONVERSION DE MÈTRES EN AUNES.		
Yard		Aune	Mètre		Aune
1		3/4 ou 0,770.	1		7/8 ou 0,8418
2	1	1/2	2	1	2/3
3	2	1/3	3	2	1/2
4	3	1/12	4	3	1/3
5	3	7/8	5	4	1/4
6	4	2/3	6	5	1/12
7	5	1/3	7	5	7/8
8	6	1/6	8	6	3/4
9	6	7/8	9	7	2/3
10	7	3/4	10	8	1/3
15	11	1/2	15	12	2/3
20	15	1/3	20	16	7/8
25	19	1/4	25	21	
30	23	1/12	30	25	1/4
35	26	7/8	35	29	1/2
40	30	7/8	40	33	2/3
45	34	2/3	45	37	7/8
50	38	1/2	50	42	1/12

Dans les fractions, on a cherché une expression simple.

VALEUR DES DÉCIMALES DE L'AUNE.

(EXPRESSION SIMPLE).

,85	$\begin{cases} 83,84 \\ 86,87 \end{cases}$	7/8
,75	$\begin{cases} 73,74 \\ 76,77 \end{cases}$	3/4
,67	$\begin{cases} 65,66 \\ 68,69 \end{cases}$	2/3
,50	$\begin{cases} 48,49 \\ 51,52 \end{cases}$	1/2
,33	$\begin{cases} 31,32 \\ 34,35 \end{cases}$	1/3
,25	$\begin{cases} 23,24 \\ 26,27 \end{cases}$	1/4
,17	$\begin{cases} 15,16 \\ 18,19 \end{cases}$	1/6
,12	$\begin{cases} 10,11 \\ 13,14 \end{cases}$	1/8
,8	$\begin{cases} 6,7 \\ 9 \end{cases}$	1/12

Les fractions décimales 88, 89, 90, 91, 92, 93, 94, 78, 79, 80, 81, 82, 70, 71, 72, 53, 54, 55, 56, 57, 58, 59, 60, 61, 62, 63, 64, 36, 37, etc., ne peuvent être comprises dans ces groupes.

La fraction 93 par exemple = 7/8 + 1/12.

PROBLÈMES.

Quel sera l'intérêt de 250 piastres courantes, pour 180 jours à 3 0/0 ?

$$250 \times 15 = 3,75$$

Quel sera l'intérêt de £ 244.10 sh. pour 180 jours à 3 1/2 0/0 ?

$$244,50 \times 175 = 4,278750 \text{ ou } £ 4.5 \text{ sh. } 5 \text{ p. } 3/4$$

$$27 \left\{ \frac{5}{5 \text{ sh. } 4 \text{ p. } 3/4} \right.$$

$$\begin{array}{r} 2 \\ \times \ 12 \\ \hline 24 \\ 4 \end{array} \qquad + 1 \quad \text{pour les } 8/1000$$

Quel sera l'intérêt de 250 francs, pour 180 jours, à 3 0/0 ?

$$250 \times 15 = 3 \text{ fr. } 75 \text{ centimes.}$$

Dans les supputations du commerce, au lieu de l'ancienne règle de trois, employez celle que j'ai formulée ainsi :

Divisez le prix connu par le nombre des choses qui ont donné ce prix, et multipliez le quotient par le nombre des choses dont le prix n'est pas connu.

La première de ces opérations donne le prix de l'unité.

Si 15 aunes d'étoffe coûtent 12 piastres, combien coûteront 65 aunes de la même étoffe ?

$$\begin{array}{r} 120 \\ 000 \end{array} \left\{ \frac{15}{0,80} \right. \text{ prix d'une aune}$$

$$\begin{array}{r} \times 65 \\ \hline 52,00 \text{ prix de 65 aunes.} \end{array}$$

Ancienne méthode.

$$15 : 65 :: 12 : x = 52 \text{ piastres.}$$

$$12 \times 65 = 780 \left\{ \frac{15}{52} \right.$$

Pour convertir des aunes en yards, multipliez le nombre des aunes par 1,288, séparez 3 chiffres sur la droite et supprimez le dernier.

$$50 \text{ aunes} \times 1,88 = 64 \text{ y. } 40/100 \text{ environ } 64 \text{ y. } 1/3.$$

Pour convertir des yards en aunes, multipliez le nombre des yards par 71 et divisez le résultat par 92.

$$50 \text{ y.} \times 71 = 3550 \left\{ \begin{array}{l} 92 \\ \overline{38 \text{ aunes } 54/92 \text{ environ } 2/3} \end{array} \right.$$

790
54

En multipliant le nombre des yards par 7 et divisant le résultat par 9, on eût eu 39 a. moins 1/8 environ.

Par décimales 50 y. $\times$ 0,770 = 38 aunes 500 ou 38 aunes 1/2. Les décimales 0,770 sont employées pour 0,76939.

Pour convertir des mètres en aunes, multipliez le nombre des mètres par 61 et divisez le produit par 72.

$$50 \text{ m.} \times 61 = 3050 \left\{ \begin{array}{l} 72 \\ \overline{42 \text{ aunes } 1/3 \text{ environ.}} \end{array} \right.$$

170
26

Par décimales, 50 m. $\times$ 0,8418 = 420900 ou 42 aunes 1/12 environ.

———

MANIÈRE DE TENIR LES LIVRES EN PARTIE SIMPLE.

Tenir un livre de commerce, c'est y inscrire les sommes que doit un commerçant et celles qui lui sont dues.

Le *débit* d'une personne est ce que doit cette personne; son *crédit* est ce qu'on lui doit. *Débiter* une personne, c'est écrire ce qu'elle doit; la *créditer*, c'est écrire ce qu'on lui doit.

1857	M. B. des Pamplemousses.	DOIT	AVOIR
15 juin	70 ℔ de savon, à 12	8,40	
18 juin	2 barriques de vin à 50.............	100 »	
1er juillet	Reçu de lui.....................		120 »
10 juillet	8 balles de riz à 2,75.............	22 »	
25 juillet	2 caisses de vin à 8.............	16 »	
4 août	5 barils de salaison à 6.............	30 »	
17 août	2 ℔ d'amandes à 0,25.............	» 50	
	Total.............	176,90	
	Reçu pour solde........	120	
	Reste devoir............	56,90	

Si les sommes portées dans la colonne *doit* étaient moins fortes que celles portées dans la colonne *avoir*, c'est au bas de la dernière de ces colonnes que devrait s'établir la balance de compte; et, au lieu de *reçu pour solde*, on devrait mettre *débit de* M***; et, au lieu de *reste devoir*, on devrait mettre *avons à lui*.

Si, pour calculer l'intérêt d'escompte, on suit la méthode que nous avons donnée page 69, après avoir multiplié le capital par les jours, on divisera le produit par les nombres indiqués ci-après :

A 4 0/0	par 9	(diviseur)	On sépare 3 décimales.
4,25 c.	8470		On ne sépare point de décimales.
4,50	8		On sépare 3 décimales.
A 5 0/0	72		On sépare 2 décimales.
5,25	6857		On ne sépare point de décimales.
5,50	6545		On ne sépare point de décimales.
A 6 0/0	6		On sépare 3 décimales.
6,25	5760		On ne sépare point de décimales.
6,50	5538		On ne sépare point de décimales.
A 7 0/0	5142		On ne sépare point de décimales.
7,25	4965		On ne sépare point de décimales.
7,50	48		On sépare 2 décimales.
A 8 0/0	45		On sépare 2 décimales.
8,25	4363		On ne sépare point de décimales.
8,50	4235		On ne sépare point de décimales.
A 9 0/0	4		On sépare 3 décimales.
9,25	3892		On ne sépare point de décimales.
9,50	3789		On ne sépare point de décimales.
A 10 0/0	36		On sépare 2 décimales.
10,25	3511		On ne sépare point de décimales.
10,50	3428		On ne sépare point de décimales.
A 11 0/0	3273		On ne sépare point de décimales.
11,25	32		On sépare 2 décimales.
11,50	3130		On ne sépare point de décimales.
A 12 0/0	3		On sépare 3 décimales.

Si, lorsqu'on ne sépare point de décimales, la division donne un reste, on ajoute un zéro à ce reste, et l'on continue l'opération.

Lorsqu'on ne sépare point de décimales, on convertit successivement les restes en dixièmes et en centièmes.

Quel sera l'intérêt simple de 2500 p. pour 2 ans $\frac{1}{2}$ (900 j.) à 5 0/0 par an?

$$2500 \times 900 = 2250000$$

$$\frac{2250000}{72} = 312,50 \text{ c. intérêt demandé.}$$

Quels seront les intérêts composés de 2500 p. pour 2 ans $\frac{1}{2}$ (2 ans + 180 jours) à 5 0/0 par an ?

$2500 \times 1025 = $ .... 256,25 c.

$2500 + 256,25$ c. $= 2756,25$ c. $\times 180 = 4961,25$ c.

$\dfrac{4961,25 \text{ c.}}{72} = $ 68,90

Intérêts composés de 2 ans $\frac{1}{2}$ .... 325,15 c.

— Pour les monnaies anglaises, voyez ci-après, comment on réduit les centièmes de la livre sterling en shelings et pence.

EXERCICES.

Les élèves feront eux-mêmes les opérations dont les résultats, que nous avons cru devoir indiquer, répondent aux questions suivantes :

Un homme qui a fait bâtir une maison, a payé aux maçons 1852 p. 29 c. ; aux charpentiers et menuisiers 1424 p. 75 c. ; aux serrurier et forgeron 632 p. 18 c. : combien lui coûte la maison qu'il a fait bâtir ? — Réponse 3909 p. 22 c.

On a payé à différentes personnes, 63 £, 25 £ 15 sh., 32 £ 17 sh., 16 £ 14 sh. 10 d. : combien a-t-on payé en tout ? — Réponse 138 £ 6 sh. 10 d.

L'astronome Newton naquit l'an 1642 et mourut l'an 1727 : quel âge avait-il quand il mourut ? — R. 85 ans.

Un fermier avait 1879 litres 75 centilitres de blé dans ses greniers; il a employé, pour ensemencer ses terres, 628 litres 28 cent. + 170 lit. 72 cent. : combien lui reste-t-il de litres de blé. — R. 1080 litres 75 centilitres.

On devait 66 £ 8 sh. 7 d. on a payé 23 £ 3 sh. 10 d. : combien doit-on encore ? — R. 43 £ 4 sh. 9 d.

Combien coûteront 258 pieds $\frac{1}{2}$ de planches à 12 c. le pied ? — R. 31 p. 02 c.

Combien coûteront 865 stères 75 c. de bois, à 25 fr. 50 c. le stère ? — R. 22076 fr. 62 c.

On a acheté 23 $\frac{4}{5}$ yards d'étoffe à 1 £ 12 sh. 4 d. $\frac{3}{4}$ la yard : quelle somme doit-on donner pour cette étoffe ? — R. 38 £ 10 sh. 8 d.

Combien coûteront 21 yards d'étoffe à 7 sh. 8 d. $\frac{1}{2}$ la yard? — R.
8 £ 1 sh. 10 d. $\frac{1}{2}$.

Combien coûteront 74 choses quelconques à 1 sh. 4 d. $\frac{1}{2}$? — R. 5 £
1 sh. 9 d.

Combien coûteront 29 liv. $\frac{1}{4}$ d'une chose à 1 £ 3 sh. 6 d. la liv.? —
R. 34 £ 7 sh. 4 d. $\frac{1}{2}$.

Un ouvrier a reçu 192 fr. 96 centimes pour 48 jours de travail :
combien a-t-il gagné par jour? — R. 4 fr. 02 c.

72 yards d'étoffe ont coûté 85 £ 6 sh. : combien coûtera une yard?
— R. 1 £ 3 sh. 8 d. $\frac{1}{3}$.

21 yards ont coûté 8 £ 1 sh. 10 d. $\frac{1}{2}$: combien coûtera une yard?
— R. 7 sh. 8 d. $\frac{1}{2}$.

29 liv. $\frac{1}{4}$ d'une chose ont coûté 34 £ 7 sh. 4 d. $\frac{1}{2}$: combien coûte la
livre ou pound? — R. 1 £ 3 sh. 6 d.

Combien coûteront 4 pièces de 24 pieds de long sur 10 pouces de
large... 11 pouc. à 1 p. 50 c. le pied cube? — R. 109 p. 99 c. $\frac{1}{2}$.

— Multipliez le nombre des pièces par la longueur; multipliez le
résultat par le produit des deux autres dimensions, c'est-à-dire, par
le produit de 10 × 11 ; divisez ce dernier résultat par 144 et multipliez le quotient par 1,50 c.

Pour avoir le nombre de pieds cubes d'un mât, ou d'une pièce de
bois en grume, multipliez le carré des pouces du diamètre moyen
par la longueur ; multipliez le résultat par 545 et séparez cinq décimales, dont vous supprimerez les trois dernières.

On demande le nombre de pieds cubes d'un mât de 40 pieds de
long et les diamètres des bouts de 28 et 20 pouces? — R. 125,56^{me}
pieds cubes.

Quel sera le prix de deux pièces de bois en grume de 26 pieds de
long et de 22 et 16 pouces de diamètre extrême, à raison de 3 p. le
pied cube? — R. 306 p. 92 c.

Si plusieurs sommes devaient être payées à des époques différentes
et qu'on voulût les comprendre dans un seul billet fait à un terme
moyen, il faudrait multiplier chaque payement par le temps, et diviser la somme des produits par la dette totale.

Un commerçant avait acheté pour 300 p. de marchandises à 2 mois de terme, pour 400 p. à 6 mois, et pour 500 p. à 8 mois : quel sera le terme moyen d'un billet qui comprendra ces différentes sommes. — R. 5 mois 25 jours.

Un colporteur a vendu 25 aunes $\frac{3}{4}$ d'étoffe à 2 p. l'aune, 6 $\frac{1}{2}$ aunes à 1 p. 50 c., 4 $\frac{1}{4}$ aunes à 75 c. et 1 $\frac{1}{2}$ aune à 25 c. : combien a-t-il vendu d'aunes d'étoffe, et combien a-t-il reçu d'argent? — R. Il a vendu 38 aunes; il a reçu 64 p. 81 c. $\frac{1}{4}$.

On a acheté 6 $\frac{3}{4}$ aunes d'étoffe à 2 p. l'aune et 5 $\frac{2}{3}$ aunes à 50 c. : combien doit-on au marchand? — R. 16 p. 33 c. $\frac{1}{3}$.

Combien coûteront $\frac{3}{4}$ de yard d'une étoffe, à 4 d. $\frac{3}{4}$ la yard? — R. 3 d. $\frac{9}{16}$, ou 3 d. et un peu plus de 2 farthings.

Si 6 $\frac{1}{2}$ aunes d'étoffe coûtent 3 p. 90 c., combien coûteront $\frac{3}{4}$ d'aune de la même étoffe? — R. 0,45 c.

Pour réduire en shelings et pence des centièmes de la livre sterling, multipliez les centièmes par 20 et divisez le produit par cent. Si le produit est moins fort que cent, ou si la division donne un reste, multipliez le produit ou le reste par 12 et divisez le résultat par cent.

2 £ 75 = 2 £ $\frac{1500}{100}$ ou 2 £ 7 sh. 6 d. 2 £ 02 = 2 £ $\frac{460}{100}$ ou 2 £ 0 sh. 4 d. $\frac{4}{5}$.

Un équipage n'a plus que pour 15 jours de vivres, et il lui reste encore 20 jours environ, pour arriver au premier port où il pourra se procurer des vivres : en quelle proportion faut-il réduire la ration de chaque jour? — R. à $\frac{3}{4}$.

Un officier d'un grade élevé a de l'argent pour soudoyer ses troupes, dont la quantité numérique est de 400 hommes, pendant 90 jours en donnant à chaque homme 75 centimes par jour : quelle sera la paye de ces hommes s'il les garde 150 jours au lieu de 3 mois? — R. 45 centimes.

Trois associés avaient fait un fonds de 25,000 fr.; il ont gagné 2,400 fr. : On veut connaître la mise de chaque associé, quand on sait que chacun d'eux a reçu une somme proportionnelle à sa mise, savoir : le premier 900 fr.; le deuxième, 800 fr. et le troisième,

700 fr. ? — R. le premier avait mis 9,375 fr.; le deuxième, 8,333 fr. 33 c. $\frac{1}{3}$ et le troisième, 7,291 fr. 66 c. $\frac{2}{3}$.

Combien doit-on donner pour escompter un billet de 300 p. que l'on a fait pour 18 mois, et que l'on veut payer tout de suite, en comptant, comme on l'a promis, l'intérêt à 1 p. 50 c. par mois, bien que l'intérêt légal ne soit que de 1 p. pour 0/0 ? — R. 219 p.

360 aunes d'étoffe ont coûté 2,880 p., combien doit-on revendre cette étoffe l'aune pour gagner 25 pour 0/0 ? — R. 10 piastres.

Après avoir divisé 2,880 par 360, dites 100 : 125 : : 8 : x.

Combien doit-on donner pour escompter un billet de 554 £ 10 sh. fait pour 90 jours, en comptant l'intérêt à 4 pour 0/0 par an. — 548 £ 19 sh. 1 d. $\frac{1}{4}$.

Quelle sera l'expression des fractions $\frac{1}{2}$, $\frac{3}{4}$, $\frac{4}{10}$, réduites en décimales? — R. 0,50 c.; 0,75 c.; 0,40 c.

CHIFFRES ROMAINS.	CHIFFRES ARABES.	CHIFFRES ROMAINS.	CHIFFRES ARABES.
I	1	XX	20
II	2	XXX	30
III	3	XXXX ou XL	40
IV	4	L	50
V	5	LX	60
VI	6	LXX	70
VII	7	LXXX	80
VIII	8	XC	90
IX	9	C	100
X	10	CC	200
XI	11	CCC	300
XII	12	CCCC ou CD	400
XIII	13	D	500
XIV	14	DC	600
XV	15	DCC	700
XVI	16	DCCC	800
XVII	17	DCCCC	900
XVIII	18	M	1000
XIX	19		

Le principe fondamental de la numération des Romains est qu'un chiffre placé à la gauche d'un chiffre de plus grande valeur le diminue de la sienne; ainsi, on peut également exprimer le nombre 900 par DCD, par CM ou par DCCCC.

Centièmes de la piastre courante en shelings et pence.

C.		Sh.	d.			
1	=	0	0	1/4	+	23/100
2		0	0	3/4		21/100
3		0	1	1/4		19/100
4		0	1	3/4		17/100
5		0	2	1/4		15/100
6		0	2	3/4		13/100
7		0	3	1/4		11/100
8		0	3	3/4		9/100
9		0	4	1/4		7/100
10		0	4	3/4		5/100
11		0	5	1/4		3/100
12		0	5	3/4		1/100
13		0	6			24/100
14		0	6	2/4		22/100
15		0	7			20/100
16		0	7	2/4		18/100
17		0	8			16/100
18		0	8	2/4		14/100
19		0	9			12/100
20		0	9	2/4		10/100
21		0	10			8/100
22		0	10	2/4		6/100
23		0	11			4/100
24		0	11	2/4		2/100
25		1	0			
26		1	0	1/4		23/100
27		1	0	3/4		21/100
28		1	1	1/4		19/100
29		1	1	3/4		17/100
30		1	2	1/4		15/100
31		1	2	3/4		13/100
32		1	3	1/4		11/100
33		1	3	3/4		9/100
34		1	4	1/4		7/100
35		1	4	3/4		5/100
36		1	5	1/4		3/100
37		1	5	3/4		1/100
38		1	6			24/100
39		1	6	2/4		22/100
40		1	7			20/100
41		1	7	2/4		18/100
42		1	8			16/100
43		1	8	2/4		14/100
44		1	9			12/100
45		1	9	2/4		10/100
46		1	10			8/100
47		1	10	2/4		6/100
48		1	11			4/100
49		1	11	2/4		2/100
50		2	0			

C.		S.	d.			
51	=	2	0	1/4	+	23/100
52		2	0	3/4		21/100
5		2	1	1/4		19/100
54		2	1	3/4		17/100
55		2	2	1/4		15/100
56		2	2	3/4		13/100
57		2	3	1/4		11/100
58		2	3	3/4		9/100
59		2	4	1/4		7/100
60		2	4	3/4		5/100
61		2	5	1/4		3/100
62		2	5	3/4		1/100
63		2	6			24/100
64		2	6	2/4		22/100
65		2	7			20/100
66		2	7	2/4		18/100
67		2	8			16/100
68		2	8	2/4		14/100
69		2	9			12/100
70		2	9	2/4		10/100
71		2	10			8/100
72		2	10	2/4		6/100
73		2	11			4/100
74		2	11	2/4		2/100
75		3	0			
76		3	0	1/4		23/100
77		3	0	3/4		21/100
78		3	1	1/4		19/100
79		3	1	3/4		17/100
80		3	2	1/4		15/100
81		3	2	3/4		13/100
82		3	3	1/4		11/100
83		3	3	3/4		9/100
84		3	4	1/4		7/100
85		3	4	3/4		5/100
86		3	5	1/4		3/100
87		3	5	3/4		1/100
88		3	6			24/100
89		3	6	2/4		22/100
90		3	7			20/100
91		3	7	2/4		18/100
92		3	8			16/100
93		3	8	2/4		14/100
94		3	9			12/100
95		3	9	2/4		10/100
96		3	10			8/100
97		3	10	2/4		6/100
98		3	11			4/100
99		3	11	2/4		2/100
100		4	0			

Centièmes de la livres sterling en sheling et pence, et en piastres courantes et centièmes de la piastre.

C.		Sh.	d.		P.	c.
,01	=	0	2	2/5 =	0,	05
,02		0	4	4/5	0,	10
,03		0	7	1/5	0,	15
,04		0	9	3/5	0,	20
,05		1	0		0,	25
,06		1	2	2/5	0,	30
,07		1	4	4/5	0,	35
,08		1	7	1/5	0,	40
,09		1	9	3/5	0,	45
,10		2	0		0,	50
,11		2	2	2/5	0,	55
,12		2	4	4/5	0,	60
,13		2	7	1/5	0,	65
,14		2	9	3/5	0,	70
,15		3	0		0,	75
,16		3	2	2/5	0,	80
,17		3	4	4/5	0,	85
,18		3	7	1/5	0,	90
,19		3	9	3/5	0,	95
,20		4	0		1,	00
,21		4	2	2/5	1,	05
,22		4	4	4/5	1,	10
,23		4	7	1/5	1,	15
,24		4	9	3/5	1,	20
,25		5	0		1,	25
,26		5	2	2/5	1,	30
,27		5	4	4/5	1,	35
,28		5	7	1/5	1,	40
,29		5	9	3/5	1,	45
,30		6	0		1,	50
,31		6	2	2/5	1,	55
,32		6	4	4/5	1,	60
,33		6	7	1/5	1,	65
,34		6	9	3/5	1,	70
,35		7	0		1,	75
,36		7	2	2/5	1,	80
,37		7	4	4/5	1,	85
,38		7	7	1/5	1,	90
,39		7	9	3/5	1,	95
,40		8	0		2,	00
,41		8	2	2/5	2,	05
,42		8	4	4/5	2,	10
,43		8	7	1/5	2,	15
,44		8	9	3/5	2,	20
,45		9	0		2,	25
,46		9	2	2/5	2,	30
,47		9	4	4/5	2,	35
,48		9	7	1/5	2,	40
,49		9	9	3/5	2,	45
,50		10	0		2,	50

C.		Sh.	d.		P.	c.
,51	=	10	2	2/5	2,	55
,52		10	4	4/5	2,	60
,53		10	7	1/5	2,	65
,54		10	9	3/5	2,	70
,55		11	0		2,	75
,56		11	2	2/5	2,	80
,57		11	4	4/5	2,	85
,58		11	7	1/5	2,	90
,59		11	9	3/5	2,	95
,60		12	0		3,	00
,61		12	2	2/5	3,	05
,62		12	4	4/5	3.	10
,63		12	7	1/5	3,	15
,64		12	9	3/5	3,	20
,65		13	0		3,	25
,66		13	2	2/5	3,	30
,67		13	4	4/5	3,	35
,68		13	7	1/5	3,	40
,69		13	9	3/5	3,	45
,70		14	0		3,	50
,71		14	2	2/5	3,	55
,72		14	4	4/5	3,	60
,73		14	7	1/5	3,	65
,74		14	9	3/5	3,	70
,75		15	0		3,	75
,76		15	2	2/5	3,	80
,77		15	4	4/5	3,	85
,78		15	7	1/5	3,	90
,79		15	9	3/5	3,	95
,80		16	0		4,	00
81		16	2	2/5	4,	05
,82		16	4	4/5	4,	10
,83		16	7	1/5	4,	15
,84		16	9	3/5	4,	20
,85		17	0		4,	25
,86		17	2	2/5	4,	30
,87		17	4	4/5	4,	35
88		17	7	1/5	4,	40
, 9		17	9	3/5	4,	45
,90		18	0		4,	50
,91		18	2	2/5	4,	55
,92		18	4	4/5	4,	60
,93		18	7	1/5	4,	65
,94		18	9	3/5	4,	70
,95		19	0		4,	75
,96		19	2	2/5	4,	80
,97		19	4	4/5	4,	85
,98		19	7	1/5	4,	90
,99		19	9	3/5	4,	95
100		00	0		5,	00 (1)

(1) Lorsqu'il y a plus de deux chiffres décimaux, et que les millièmes sont représentés par un des chiffres 7, 8, 9, on supprime la fraction et on augmente les pence d'une unité.

Shelings et pence en piastres courantes et centièmes.

sh.	d.			P.	c.			c.	sou.		
0	0	1/4	=	0,	00	25/48	ou		1	+	1/48
0	0	2/4		0,	01	1/24					
0	0	3/4		0,	01	27/48	ou	1	1		1/16
0	1			0,	02	1/12					
0	2			0,	04	1/6					
0	3			0,	06	1/4					
0	4			0,	08	1/3					
0	5			0,	10	5/12					
0	6			0,	12	1/2	ou	12	1		
0	7			0,	14	7/12	ou	14	1		1/12
0	8			0,	16	2/3	ou	16	1		1/6
0	9			0,	18	3/4	ou	18	1		1/4
0	10			0,	20	5/6	ou	20	1		1/3
0	11			0,	22	11/12	ou	22	1		5/12
1	0			0,	25						
2	0			0,	50						
3	0			0,	75						
4	0			1,	00						
5	0			1,	25						
6	0			1,	50						
7	0			1,	75						
8	0			2,	00						
9	0			2,	25						
10	0			2,	50						
11	0			2,	75						
12	0			3,	00						
13	0			3,	25						
14	0			3,	50						
15	0			3,	75						
16	0			4,	00						
17	0			4,	25						
18	0			4,	50						
19	0			4,	75						
1 £ 00	0			5,	00						

Pour faire un billet payable un nombre quelconque de jours plus tard, de manière à pouvoir l'escompter tout de suite, on peut suivre la méthode exposée ci-dessous, qui donne les mêmes résultats que celle qui se trouve page 73.

$$A \; 4 \; 0/0 \times 9000.$$
$$5 \qquad 7200.$$
$$6 \qquad 6000.$$
$$8 \qquad 4500.$$
$$8 \qquad 4000.$$
$$10 \qquad 3600.$$
$$12 \qquad 3000.$$

Après avoir multiplié le montant du billet par le nombre abstrait auquel correspond le taux de l'intérêt, et avoir retranché le nombre des jours de ce nombre abstrait par lequel on a multiplié, on divise le produit obtenu par la première opération, par le reste obtenu par la seconde.

Pour résoudre par cette méthode la question de la page 73, où l'intérêt est de 12 0/0, il faut opérer ainsi :

$$482 \text{ montant du billet} \times 3000 = 1446000.$$
$$3000 \; - \; 108 \; \text{jours} \; = 2892.$$
$$\frac{1446000}{2892} = 500.$$

OR ET ARGENT.

1 kilogramme ou 2,0428 livres (environ 32 onces 2/3) d'or pur = 686 piastres courantes, 88 c. 1 sou.

1 kilogramme d'argent pur = 43 piastres courantes, 77 c. 1 sou.

24 karats expriment le titre de l'or pur.

12 deniers expriment le titre de l'argent pur.

Les monnaies en circulation et les bijoux ne sont jamais formés d'or ou d'argent pur.

En général, pour trouver le titre de l'alliage qui résulte de la fonte de plusieurs lingots, on multiplie le poids de chaque lingot par son titre et on divise la somme des produits par le poids total de l'alliage (voyez page 75).

TABLE DES MATIERES.

FIN DE LA TABLE DES MATIÈRES.

DICTIONNAIRE

CLASSIQUE UNIVERSEL

FRANÇAIS, HISTORIQUE, BIOGRAPHIQUE, MYTHOLOGIQUE, GÉOGRAPHIQUE, ETC.,

CONTENANT LES DOCUMENTS LES PLUS ESSENTIELS

DE TOUS LES DICTIONNAIRES SPÉCIAUX;

le Vocabulaire français

PRÉSENTANT LES ACCEPTIONS PROPRES, FIGURÉES ET FAMILIÈRES DES MOTS,
JUSTIFÉES PAR DES EXEMPLES; — LES TERMES TECHNIQUES ET SCIENTIFIQUES;
LA CONJUGAISON DES VERBES IRRÉGULIERS ET DÉFECTUEUX;

les Étymologies,

L'EXPLICATION DES LOCUTIONS LATINES FRÉQUEMMENT EMPLOYÉES
DANS LE DISCOURS, ETC.;

des Notices historiques

SUR LES PEUPLES ANCIENS ET MODERNES, SUR LES GRANDS ÉVÉNEMENTS (GUERRES,
TRAITÉS DE PAIX, CONCILES, ETC.), AVEC LEUR DATE;

la Biographie

DES PERSONNAGES HISTORIQUES DE TOUS LES PAYS ET DE TOUS LES TEMPS,
CELLE DES SAINTS, DES SAVANTS,
DES ÉCRIVAINS, DES BIENFAITEURS DE L'HUMANITÉ, ETC.;

la Mythologie; — la Géographie ancienne et moderne;

SUIVI

d'un dictionnaire de la prononciation

DE TOUS LES MOTS DIFFICILES;

PAR

M. TH. BÉNARD,

S.-Chef du premier bureau de la division de l'enseignement primaire
au Ministère de l'Instruction publique.

NEUVIÈME ÉDITION, REVUE ET CORRIGÉE.

Un volume grand in-18, de 744 pages. Prix, cartonné : **2 FR. 60 c.**
Le même, relié en percaline gaufrée, avec titre doré. Prix : **3 fr.**
Envoi *franco* au reçu du prix marqué en un bon sur la poste ou en timbres-poste.

En publiant sur un plan entièrement nouveau un petit Dic-
TIONNAIRE CLASSIQUE UNIVERSEL, nous avons eu pour but d'ob-
vier à plusieurs inconvénients sérieux qui ont été depuis longtemps signalés dans les études.

Jusqu'à ce jour les dictionnaires mis entre les mains des élèves
ont été faits sur divers plans progressifs et, pour ainsi dire, éche-
lonnés selon les besoins présumés des enfants aux différentes
phases de leur intelligence. De là, la nécessité constante pour
eux de se procurer des dictionnaires dont les plus élémentaires
sont insuffisants, et dont les plus grands, détaillés d'une manière
excessive, sont en général trop volumineux et d'un prix élevé.

C'est une erreur de croire que ces ouvrages si étendus soient d'une grande utilité pour l'élève pendant le temps de ses études; loin de là, il y trouve trop souvent matière à de nombreuses distractions, il y suit l'explication et le développement de mots dont il n'a nul besoin pour l'heure, et qui l'éloignent du cercle d'idées tracé par son devoir; il échappe ainsi à la surveillance du maître. Par quel moyen, en effet, celui-ci pourra-t-il empêcher l'enfant de feuilleter un dictionnaire qui est à la fois un ouvrage indispensable et un livre d'agrément, un *livre de lecture?* Si, encore, cette occupation, en dehors du devoir, pouvait porter des fruits et instruisait en divertissant, le danger serait moindre; mais, il ne faut pas se le dissimuler, cette lecture sans ordre, sans méthode et à *bâtons rompus*, ne laisse rien dans l'esprit, ou seulement de vagues notions dont la trace est bientôt effacée; c'est un aliment inopportun pour la curiosité de l'élève, c'est donc une perte de temps.

Quant aux petits dictionnaires rudimentaires, nous le répétons, ils sont insuffisants; ce sont des nomenclatures arides où le mot n'est expliqué qu'avec sécheresse, et n'est le plus souvent pris que dans une seule acception.

Il nous a donc paru utile de rédiger un dictionnaire renfermant les documents exigés pour toutes les études, et en même temps à la portée de tous les élèves par la modicité de son prix.

Pour mettre le lecteur à même de juger de la différence qui existe entre ce nouveau Dictionnaire et ses devanciers, voici quelques mots tirés des ouvrages précédemment publiés et, en regard, les mêmes mots pris dans notre nouveau livre.

COMBAT, *sm.* action de combattre; trouble, dispute, contestation.

COMBAT, *sm.* action par laquelle on attaque ou l'on se défend; lutte; contestation : *combat d'esprit;* état de trouble, d'agitation : *être dans de cruels combats;* exprime, tant au physique qu'au moral, opposition, contrariété de certaines choses entre elles : *le combat des éléments, le combat des préjugés contre les lumières.* — COMBAT SINGULIER, duel, combat d'homme à homme.

COMMANDER, *va.* ordonner, dominer. — *vn.* être revêtu de l'autorité; maîtriser.

COMMANDER, *va.* (l. *cum,* avec; *mandare,* ordonner), ordonner, enjoindre, avoir l'autorité : *commander une armée;* faire une commande : *commander un meuble;* dominer par son élévation : *la citadelle commande la ville.* — *vn.* avoir droit, autorité sur : *commander à ses enfants;* maîtriser : *commander à ses passions.*

DOIGT, *sm.* partie de la main ou du pied e l'homme; petite mesure.

DOIGT, *sm.* (l. *digitus*). chacune des parties séparées et mobiles qui terminent les mains ou les pieds de l'homme et de quelques animaux. — *fig.* petite mesure, petite quantité : *un doigt de vin.* — LES DOIGTS D'UN GANT, parties d'un gant dans lesquelles entrent les doigts; MONTRER QUELQU'UN AU DOIGT, s'en moquer publiquement; TOUCHER QUELQUE CHOSE DU DOIGT, en être très-proche; SAVOIR SUR LE BOUT DU DOIGT, savoir parfaitement; AVOIR SUR LES DOIGTS, recevoir un châtiment, une remontrance; S'EN MORDRE LES DOIGTS, s'en repentir; NE FAIRE ŒUVRE DE SES DIX DOIGTS, ne rien faire. — LE DOIGT DE DIEU, la Providence. — A DEUX DOIGTS, *loc. adv.* à très-peu de distance.

ORIFLAMME, *sf.* étendard des anciens rois de France.

ORIFLAMME, *sf.* (l. *aurea flamma,* flamme d'or), était, dans l'origine, la bannière de l'abbaye de Saint-Denis. Elle était formée d'un étendard de couleur rouge et semée de flammes d'or. Louis VI, roi de France, est le premier qui la fit déployer à la tête de ses armées (1124); elle ne reparut plus après la bataille d'Azincourt (1415).

L'Auteur, en prenant pour guide le Dictionnaire de l'Académie pour tout ce qui concerne la langue littéraire, a fait cependant entrer dans son travail les mots récents que les progrès du siècle ont introduits dans le langage, et dont il n'est pas permis d'ignorer l'application.

Aujourd'hui que, grâce à l'impulsion donnée au développement des études, les élèves des Lycées, des Colléges et des Ecoles, sont appelés à aborder les différentes connaissances qui constituent l'enseignement scientifique, il nous a paru indispensable de donner les termes techniques, et d'en faire connaître l'étymologie afin de fixer le lecteur sur leur véritable signification.

De plus, pour préciser autant que possible le sens des mots, et afin de rendre plus sensible la finesse des nuances, nous avons prodigué les citations, et donné à nos développements la méthode et la clarté qui sont si essentielles pour le jeune âge et si précieuses pour toutes les intelligences.

Un grand nombre de locutions latines sont si fréquemment employées dans la conversation, qu'il n'est pas possible de les ignorer. Telles sont : *alter ego, ipso facto, intra muros, motu proprio,* etc., etc. Pour qu'il n'existât point de lacune dans notre livre, nous avons donné l'explication de toutes ces locutions.

Enfin, nous avons introduit dans notre Dictionnaire des articles historiques sur les faits et les hommes importants, sur les guerres, les traités de paix, les conciles, etc., et nous avons consacré une large place à la géographie ancienne et moderne.

Afin que les enfants puissent embrasser d'un coup d'œil les mots dont la prononciation présente quelques difficultés, nous en avons placé la liste à la fin du volume.

Nous ferons remarquer en outre, que, pénétré du grand respect qu'on doit avoir pour la jeunesse, nous avons écarté de cet ouvrage toute expression contraire aux convenances; nous avons voulu que le Dictionnaire classique universel pût recevoir l'approbation des maîtres les plus sévères et les plus scrupuleux. Quant aux mots qui appartiennent au vocabulaire de la religion, nous nous sommes attaché à en donner une définition parfaitement exacte et toujours conforme à la droite et saine doctrine. Nous avons voulu, en un mot, présenter aux jeunes gens un dictionnaire complet qu'ils puissent toujours parcourir utilement et sans danger.

Afin de faire connaître notre plan pour la rédaction des articles, nous extrayons de ce nouveau dictionnaire quelques mots s'appliquant aux diverses connaissances qui y sont traitées.

PHILOLOGIE.

CORPS, *sm.* (l. *corpus*), portion de matière qui forme un tout complet (phys.); la partie matérielle d'un être animé; principale partie d'un objet : *le corps d'un navire;* corporation · *le corps du clergé;* régiment, portion d'une armée, etc.; consistance, solidité : *ce papier n'a pas de corps.* — PRENDRE DU CORPS, prendre de l'embonpoint. — A CORPS PERDU, avec impétuoité, sans crainte du danger. — A BRAS LE CORPS, *loc. adv.* avec les deux bras.

GRAMMAIRE.

ALLER, *vn. irr.* se transporter d'un lieu à un autre : *aller à Bordeaux*; conduire : *ce chemin va à Saint-Denis*; marcher : *l'âne va lentement*; avancer, être en bon train : *cette besogne va vite*; fonctionner : *cette montre va trente heures*; prospérer : *le commerce va*; convenir : *le rose va aux blondes*; s'élever : *les prières vont à Dieu*; toucher : *aller à l'âme*; se porter : *comment allez-vous?* être sur le point de : *je vais me marier.* — *Ind. pr.* je vais, tu vas, il va, n. allons, v. allez, ils vont; *imp.* j'allais; *p. déf.* j'allai, tu allas; *fut.* j'irai; *cond.* j'irais; *impér.* va, allons; *subj. pr.* que j'aille; *imp.* que j'allasse; *p. pr.* allant; *p. p.* allé, e. — S'EN ALLER, *vpr.* partir, s'écouler; mourir. Aux temps composés, on se sert du verbe *être*, que l'on place entre *en* et *allé.* Ainsi on dit : *je m'en suis allé*, et non je me suis en allé; à l'impér. on dit : *va-t-en* pour vas-toi en, etc. — LE PIS-ALLER, le pis qu'il puisse arriver.

HISTOIRE.

FÉODALITÉ, *sf.* nom donné au régime qui s'établit en France sous les rois de la deuxième race, et qui consistait en une subordination hiérarchique des personnes et des choses. Les hommes faibles et pauvres s'étaient groupés autour des hommes forts et riches pour en obtenir protection, leur promettant en retour fidélité et entière dépendance; ceux-ci, à leur tour, s'étaient attachés à des hommes plus puissants qu'eux, et cette chaîne de protecteurs et de protégés liait la société depuis le monarque jusqu'au plus humble des serfs. L'établissement des communes, sous Louis le Gros, porta les premiers coups à la féodalité; Louis XI, puis Richelieu et enfin la Révolution française la détruisirent.

HANSÉATIQUE, *adj. 2 g.* se dit des villes qui font partie de la hanse. — LIGUE HANSÉATIQUE. On a donné ce nom à une fédération de villes commerçantes qui se forma en Allemagne en 1241 entre Hambourg et Lubeck, pour protéger leur commerce extérieur contre les pirates de la Baltique. Un grand nombre de villes s'y firent admettre successivement, et pendant quelque temps cette ligue vit fleurir et s'étendre son commerce. La découverte de l'Amérique lui enleva une grande partie de son importance. Des anciennes villes hanséatiques, il ne reste plus que Lubeck, Hambourg et Brême.

BIOGRAPHIE.

CÉSAR (JULES), général romain, dictateur perpétuel, écrivain distingué; né en 100 av. J.-C. Proscrit par Sylla il ne revint à Rome qu'après la mort de ce dictateur, et sut capter la faveur du peuple. Il s'associa avec Pompée et Crassus, et forma avec eux le fameux triumvirat qui leur assura un pouvoir absolu. Gouverneur de la Gaule, il employa dix ans à en faire la conquête. Forcé de se démettre de son commandement, il marcha sur Rome, entra dans la ville et se fit donner la dictature. Après avoir remporté de grandes victoires en Asie, les républicains redoutant sa puissance l'accusèrent d'aspirer à la royauté et conspirèrent contre lui. Il fut assassiné en plein sénat par Brutus et Cassius, en 44 av. J.-C.

RELIGION.

EUCHARISTIE, *sf.* (g. *eu*, bien; *charis*, grâce), sacrement par lequel on reçoit réellement et substantiellement le corps, le sang, l'âme et la divinité de Jésus-Christ sous les apparences du pain et du vin.

TRINITÉ, *sf.* (l. *trinitas*), un seul Dieu en trois personnes : le Père, le Fils et le Saint-Es-

MYTHOLOGIE.

JUPITER, fils de Saturne et de Rhéa ou Cybèle, frère et époux de Junon. Aussitôt après sa naissance, sa mère le déroba à Saturne qui dévorait tous ses enfants mâles et le fit allaiter dans l'île de Crète par la chèvre Amalthée. S'étant joint à ses frères Neptune et Pluton, il fit la guerre à Saturne et aux Titans, les vainquit et les précipita dans le Tartare. Les trois frères se partagèrent le monde : Jupiter eut le ciel, Neptune la mer et Pluton les enfers. Jupiter tint toujours le premier rang parmi les dieux; son culte était le plus solennel et le plus universellement répandu (myth.). — *sm.* nom d'une planète.

SCIENCES.

LONGITUDE, *sf.* distance en degrés d'un lieu à un premier méridien (géog.); distance entre un astre rapporté à l'écliptique et le point équinoxial du printemps (astr.). — BUREAU DES LONGITUDES, établissement institué en 1795, et chargé de rédiger, pour chaque année, un ouvrage (*la Connaissance des temps*) contenant les levers et les couchers du soleil, de la lune, des planètes; leurs longitudes, latitudes, etc.

MÉCANIQUE.

LOCOMOTIVE, *sf.* se dit dans les chemins de fer d'une voiture qui contient le mécanisme nécessaire pour la faire avancer par le moyen de la vapeur, et pour entraîner des wagons chargés de voyageurs et de marchandises.

MACHINE, *sf.* (l. *machina*), instrument propre à faire mouvoir, à tirer, lever, traîner, lancer quelque chose. — MACHINE ARCHITECTONIQUE, assemblage d'engins disposés de manière qu'au moyen de poulies et de cordes on peut élever de grands fardeaux; MACHINE ÉLECTRIQUE, machine qui sert à produire les phénomènes de l'électricité; MACHINE PNEUMATIQUE, machine destinée à faire le vide dans une cloche de verre; MACHINE HYDRAULIQUE, machine pour conduire ou élever l'eau; MACHINE À VAPEUR, machine dans laquelle la vapeur est employée comme force motrice; MACHINE INFERNALE, se dit de la machine dirigée contre Bonaparte, premier consul, le 24 décembre 1800, et de celle que Fieschi dirigea contre Louis-Philippe le 29 juillet 1835. — Assemblage de ressorts : *l'horloge est une machine.* — *fig.* personne sans esprit, sans énergie : *ce n'est qu'une machine.*

GÉOGRAPHIE.

AMÉRIQUE, l'une des cinq parties du monde, la plus grande après l'Asie, découverte en 1492 par Christophe Colomb. Elle se divise en deux régions : l'*Amérique méridionale* et l'*Amérique septentrionale*, unies entre elles par l'*isthme de Panama*.

GASCOGNE, grande et belle province du midi de la France dont la capitale était *Auch.* Elle doit son nom aux *Vascons* ou *Basques* qui s'établirent dans ce pays en 542; fut longtemps gouvernée par des ducs, et passa à la France par le mariage de Louis VII avec Éléonore d'Aquitaine (1137). Cette princesse s'étant ensuite mariée avec Henri Plantagenet, la Gascogne appartint à l'Angleterre; elle fut réunie définitivement à la France par Charles VII en 1453.

AGRICULTURE.

DRAINAGE, *sm.* action de drainer; opération qui consiste à placer des conduits dans les terrains humides, pour faciliter l'écoulement de l'eau.

PINÇAGE, *sm.* action de couper un bourgeon avec les ongles pour arrêter la sève; raccourcissement du sarment de la vigne.

(1351) SAINT-CLOUD. — IMPRIMERIE DE Mᵐᵉ Vᵉ BELIN.